综合算力

解码算存运的力量

余晓晖◎主编

何宝宏 李 洁 郭 亮◎副主编

人民邮电出版社

北 京

图书在版编目（CIP）数据

综合算力：解码算存运的力量 / 余晓晖主编. --
北京 ：人民邮电出版社，2024.1
ISBN 978-7-115-63356-9

Ⅰ．①综… Ⅱ．①余… Ⅲ．①计算能力 Ⅳ.
①TP302.7

中国国家版本馆CIP数据核字(2023)第240403号

内 容 提 要

新一轮科技革命和产业革命加速演进，算力为越来越多的行业数字化转型注入新动能，综合算力作为集算力、存力、运力于一体的新型生产力，成为支撑数字经济发展的重要力量。本书全面阐述了综合算力的内涵和定义，构建了涵盖算力、存力、运力、环境等关键因素的综合算力指数体系，多维度客观分析我国和 31 个省（自治区、直辖市）综合算力的发展情况，详细阐述了算力、存力、运力的发展现状、发展情况、技术创新、发展趋势等内容，聚焦智能算力、算力调度等重点领域，给出推动综合算力发展的建议，为我国综合算力的技术创新与基础设施建设提供参考。本书适合各地政府、科研机构、算力产业的上下游企业的领导、专家参考阅读。

◆ 主　　编　余晓晖

　　副主编　何宝宏　李　洁　郭　亮

　　责任编辑　赵　娟

　　责任印制　马振武

◆ 人民邮电出版社出版发行　　北京市丰台区成寿寺路 11 号

　　邮编　100164　电子邮件　315@ptpress.com.cn

　　网址　https://www.ptpress.com.cn

　　固安县铭成印刷有限公司印刷

◆ 开本：720×960　1/16

　　印张：13.25　　　　　　　　2024 年 1 月第 1 版

　　字数：171 千字　　　　　　2024 年 7 月河北第 2 次印刷

定价：79.90 元

读者服务热线：(010)53913866　印装质量热线：(010)81055316
反盗版热线：(010)81055315
广告经营许可证：京东市监广登字 20170147 号

编写组

主　编：余晓晖　正高级工程师，中国信息通信研究院院长

副主编：何宝宏　博士，正高级工程师，中国信息通信研究院云大所所长
　　　　李　洁　博士，正高级工程师，中国信息通信研究院云大所副所长
　　　　郭　亮　正高级工程师，中国信息通信研究院云大所总工程师

编　委：吴美希　中国信息通信研究院云大所数据中心部副主任
　　　　王少鹏　中国信息通信研究院云大所数据中心部副主任
　　　　王　月　中国信息通信研究院云大所数据中心部副主任
　　　　谢丽娜　中国信息通信研究院云大所数据中心部副主任
　　　　常金凤　中国信息通信研究院云大所数据中心部
　　　　张一星　中国信息通信研究院云大所数据中心部
　　　　周彩红　中国信息通信研究院云大所数据中心部
　　　　邱　奔　中国信息通信研究院云大所数据中心部
　　　　孙　聪　中国信息通信研究院云大所数据中心部

　　生成式大模型开启了 AI 发展的新时代，算力成为激活数据要素的新引擎，受到前所未有的重视。但计算任务的多样性、算网的异构性、算力供需的分布性等给算力部署与运行提出了很多新课题。本书从算网协同下算力、存力与运力有机组成综合算力生态的视角，分析了相关技术与发展趋势，深入解读了算力基础设施规划部署与应用遇到的挑战及应对思路。

中国工程院 邬贺铨院士

　　数字经济以数据资源为关键要素，数字基础设施是数字经济时代的"高速公路"，运力、算力、存力三者协同发展，数字基础设施才能发挥数据的要素价值，充分释放数字经济活力。本书从算存运出发，深入分析了运力、算力和存力各自的作用和之间的关系，并对算力调度、智能算力等进行了深入研究，相信会给读者带来很多启发，为算网中国的建设提供更多思路。

中国工程院 张宏科院士

　　计算能力，简称算力（通常以每秒的浮点运算能力来表征），是当前全球数字浪潮的基础动力，是第四次工业革命的关键底座。算力的发展始终伴随着人类文明的进步与演化，从中国的古老算盘到巴贝奇的差分机，从图灵机的思想实验到冯·诺依曼的体系设计，人类对计算和计算能力的探求从未停止过，计算是生产力的先进工具，也是科学思考、科学发现的崭新方法。现代化意义的计算革命发轫于 20 世纪 30 年代开始的一系列数学、物理、工程突破和开创性的理论构建，并在科学、军事、商业、社会等一系列重大需求的牵引下，技术创新和产业发展突飞猛进，至今方兴未艾且愈演愈烈。计算革命已演变成全球范围内的数字革命和经济社会发展范式变革，并正在推动人工智能等新一轮的颠覆式创新。

　　自 20 世纪中叶晶体管和集成电路取得突破以来，算力遵循摩尔定律呈指数增长，今天一部手机集成的算力相当于全球第一台计算机 ENIAC 的 2100 万倍、阿波罗 11 号导航计算机的 130 万倍、第一次人工智能时最强计算机（1959 年，IBM 7090）的 48 万倍。算力的发展在量的急剧扩张的基础上，外部性不断增强，呈现了越来越强的"通用目的性技术（GPT）"效应，渗透到经济社会的各个领域，不断地创造需求、催生创新，成为全球数字化浪潮的发动机。算力的每一次进步，从大型机、小型机、个人计算机、智能手机到云计算、边缘计算，都带来了巨大的产业乃至社会变革。

实际上，当前初步呈现通用人工智能发展萌芽的大模型，正是在大规模算力的支撑下完成的，通过大规模的并行计算，才能从大量繁杂的数据细节中感知、学习和把握人类社会的知识和推理能力，形成当前的智能发展方向。此外，也正是由于全球不断加速的数字化智能化转型，特别是人工智能对算力的高度依赖，对算力的需求尤其是对人工智能算力的需求增长超越了供给端的摩尔定律，从算力创造应用需求再次转变为需求急速增长下的算力供给严重不足，算力成为全球的战略性紧缺资源。

在此背景下，算力产业成为全球战略布局的必争领域，加大对算力的投入成为各国共同的选择，算力背后的数据中心、云、芯片及其关键技术和制程工艺也成为全球竞争和博弈的焦点。近年来，全球算力规模持续保持高速稳定增长态势，截至 2022 年年底，全球算力总规模达到 650EFLOPS（FP32），同比增长 24.8%。

我国高度重视算力的发展，出台了一系列重要政策和规划。2021 年 5 月，国家发展和改革委员会等四部门联合发布《全国一体化大数据中心协同创新体系算力枢纽实施方案》；2021 年 7 月，工业和信息化部印发《新型数据中心发展三年行动计划（2021—2023 年）》；2023 年 10 月，工业和信息化部等六部委印发《算力基础设施高质量发展行动计划》，这些政策为我国算力的发展做好了顶层设计，提供了实践指南。在需求驱动和政策指引下，全国算力需求旺盛和算力基础设施资源禀赋突出的各个区域均高度重视算力发展，推动算力实现持续高速增长，2022 年我国算力总规模达 180EFLOPS（FP32），保持了全球第二，同比增长 29%。

为更好地推进我国算力的发展与创新，中国信息通信研究院连续多年对算力进行深入研究，此次出版的《综合算力：解码算存运的力量》正是其中一些研究成果的总结。本书命名为综合算力，是希望从计算、存储和传输等多个角度衡量算力的发展，以更全面地判断和思考我国算力的发展现状和方向。书中对综合算力进行了系统定义，详细阐述了算力、存力、运力的发展现状及技术创新、发展趋势等内容，构建了涵盖算力、存力、运力、环境等关键因素的综合算力指数体系，多维度客观分析我国 31 个省（自治区、直辖市）综合算力的发展情况，提出了进一步推动我国综合算力发展的建议，相信可以为关心和致力于我国算力发展和数字化智能化转型的读者提供一个有价值的参考视角。

余晓晖

2023 年 12 月 13 日

新一轮科技革命和产业革命加速演进，算力为越来越多的行业数字化转型注入新动能，综合算力作为集算力、存力、运力于一体的新型生产力，成为支撑数字经济发展的重要力量。我国不断加大对计算、存储和网络等基础设施的投入，高度重视数据中心、智算中心、超算中心以及边缘数据中心等算力中心的高质量发展。

2023年2月，中共中央、国务院印发了《数字中国建设整体布局规划》，特别提到，"系统优化算力基础设施布局，促进东西部算力高效互补和协同联动，引导通用数据中心、超算中心、智能计算中心、边缘数据中心等合理梯次布局"。

随着我国经济的快速发展，单一的算力评价已经不能满足我国高质量发展的要求。中国综合算力指数为全社会推进算力升级、推动经济高质量发展提供支撑。本书全面阐述了综合算力的内涵和定义，构建了涵盖算力、存力、运力、环境等关键因素的综合算力指数体系，多维度客观分析了我国综合算力的发展情况，并给出推动综合算力发展的建议，为我国综合算力的技术创新与基础设施建设提供参考。

本书在编写过程中得到了广大产业链企业的大力支持，在此一并表示感谢。因时间仓促，本书仍有诸多不足，恳请各界批评指正。

团队邮箱：cpz@caict.ac.cn。

第一部分
背景与意义篇

第二部分
现状篇

第三部分
技术篇

第四部分
模型篇

第八部分
建议篇

第一部分

背景与意义篇

1 研究背景与意义

1.1 综合算力内涵提出

2023年10月，工业和信息化部等六部门发布《算力基础设施高质量发展行动计划》（以下简称《行动计划》），围绕计算力、运载力、存储力、应用赋能、绿色低碳、安全保障6个方面，提出了4项发展目标，明确20余项重点任务，为我国算力基础设施综合能力提升提供了重要指引。《行动计划》中明确指出，算力是集信息计算力、网络运载力、数据存储力于一体的新型生产力，主要通过算力基础设施向社会提供服务。

综合算力的概念起源于2021年数据中心高质量发展大会和2022年中国算力大会，此概念一经提出便引起业界的极大关注。几经迭代更新，综合算力是集算力、存力、运力于一体的新型生产力，已成为我国赋能科技创新、助推产业转型升级、满足人民美好生活的新动能。

算力是以计算能力为核心，包含算力规模、经济效益和供需情况在内的综合能力。在数字经济背景下，算力是决胜信息时代的关键实力。算力作为数字经济时代的关键生产力要素，已经成为挖掘数据要素价值，推动数字经济发展的核心支撑力和驱动力。

存力是以存储容量为核心，包含性能表现、安全可靠、绿色低碳在内的综合能力。在数字经济背景下，存力是支撑大数据时代的关键指标。当前，海量数据呈指数级增长，数据流动加速，存储作为承载数据的关键设施，其重要性日益凸显。

运力是以网络传输性能为核心，包含通信配套、传输质量、用户情况在内的综合能力。在我国算力设施布局逐步优化的过程中，运力是算力进行全局调度的关键力量，是连接用户、数据和算力的桥梁。

1.2 综合算力需求旺盛

随着全球数字化浪潮的加速推进，综合算力成为产业数字化转型升级的关键因素。世界主要经济体纷纷制定数字化战略，例如，美国发布《联邦大数据研发战略计划》《人工智能研究和发展战略计划》等，日本发布《增长战略实施计划》，德国发布《数字战略2025》等。政务、金融、交通、电信、医疗等重要行业的数字化转型和升级离不开综合算力的支持。**算力的提升将使企业更快地响应市场变化和用户需求，提高生产效率和产品质量，特别是大模型将极大推动生产生活走向智能化；存力的提升将帮助企业更好地收集、保护和管理数据资源，提供数据支持；运力的提升将加快企业沟通和协作，提高生产效率。具备快速数据处理、高效数据传输和可靠数据存储等综合算力能力的基础设施，能帮助企业最大限度地发挥数字要素的价值，为产业的数字化转型注入更强劲的动力。**

随着我国数字经济的快速发展，综合算力成为赋能国民经济发展的重要抓手，算力基础设施的发展日趋重要。计算、存储和网络是算力基础设施的三大部分，算力、存力、运力是信息与通信技术（Information and Communication Technology，ICT）产业和大模型时代发展的关键要素，对推动科技进步、促进行业数字化转型以及支撑经济社会发展发挥着重要的作用。同时，综合算力的发展有助于满足全球化发展背景下人们对便捷高效且充满多元性、个性化美好生活的不断追求。

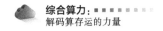
1.3 综合算力特点清晰

综合性。综合算力是算力、存力、运力三力高效协同、一体化发展的综合能力。算力支撑数据信息处理，是衡量生产力，推动数字经济发展的核心支撑力和驱动力。存力支撑数据存储和管理，是迅速访问信息，推动信息资源共享的基石。运力支撑数据要素高效流动，是优化我国算力供需关系，推动我国经济社会数字化转型的关键。三者融合发展促进新产业、新业态和新模式不断涌现，引领算力产业高质量发展。

先进性。新型基础设施是以新发展理念为引领，以技术创新为驱动，以信息网络为基础，提供数字化转型、智能升级、融合创新等公共性服务的基础设施。综合算力提供连接、存储、计算、处理等综合数字能力，不断融合最新的信息技术实现快速演进升级，并不断与传统基础设施技术融合，持续创新优化技术体系。在新一轮以多元化、融合化为特征的算力产业浪潮下，推进综合算力的可持续发展，创新发展范式，有助于满足国家发展重大战略的需求。

系统性。从涉及的行业来看，综合算力产业发展既包括基础设施建设，也涉及新一代信息技术等战略性新兴行业。从覆盖的内容来看，综合算力涵盖政策、标准、技术、人才、市场、土地规划、财税等众多内容，是一个系统性的复杂工程。国家、地方政府、产业组织、企业相辅相成，从宏观、中观、微观等多维度推动构建综合算力产业发展的系统性规划体系，在注重经济环境等方面均衡发展的同时，在不同层面、不同内容上统筹考虑，稳步有序推进。

长期性。综合算力体系的构建是一项长期的综合性战略任务，前期要进一步完善基本理论、技术细节，形成统一的体系和理论架构；中期要积极推进产业链建设，搭建产业平台，研制核心设备，提升自主创新能力；

后期要推动产业生态进一步完善发展，打造规模化的示范应用。综合算力发展要科学运筹、顶层设计，有计划、有步骤、有重点、分层次、多角度地推进算力、存力、运力融合深度发展，构建现代化计算体系。

1.4 研究意义

有助于建立适用于我国不同省（自治区、直辖市）的综合算力发展评价体系，宏观把握各省（自治区、直辖市）综合算力发展趋势，多维度客观衡量各省（自治区、直辖市）综合算力的相对发展水平，比较各省（自治区、直辖市）综合算力、算力、存力、运力、环境发展的情况，为各省（自治区、直辖市）算力基础设施发展规划、政策制定提供有力支撑，为各省（自治区、直辖市）提升综合算力水平，提供发展方向上的引导。

有助于客观全面分析当前我国综合算力发展现状、发展潜力、存在问题，使算力评价内容从一元走向多元，不仅关注算力本身的发展，还关注算力配套的存力、运力发展，通过科学评判有效促进我国算力发展的精细化、系统化、可持续性。根据评判结果提出综合算力未来发展建议，推动我国算力健康可持续、高质量发展，支撑数字经济蓬勃发展，助力制造强国、质量强国、网络强国、数字中国建设。

第二部分

现状篇

2 综合算力最新进展

2.1 算力结构优化，智能算力受高度重视

算力发展迎来高潮，我国算力规模特别是智能算力规模不断提升。截至 2023 年 9 月底，我国算力总规模达到 197EFLOPS，其中智能算力规模占整体算力规模的 25.4%，智能算力规模同比增长 45%，比算力规模整体增速高 15 个百分点。智能算力需求呈爆发性增长，未来智能算力将迎来更快速的增长。各地纷纷发布算力布局方案以匹配行业发展需求。例如，北京市发布《深圳市算力基础设施高质量发展行动计划（2024—2025）》《北京市加快建设具有全球影响力的人工智能创新策源地实施方案（2023—2025 年）》《北京市促进通用人工智能创新发展的若干措施》，深圳市发布《深圳市加快推动人工智能高质量发展高水平应用行动方案（2023—2024 年）》，上海自贸区临港新片区发布《临港新片区加快构建算力产业生态行动方案》等。

2.2 存力规模扩大，先进存力建设稳步提速

我国数据存储行业高速发展，存储规模不断扩大。截至 2023 年 6 月底，我国存储总量达到 1080EB。截至 2022 年年底，我国存力总规模超过 1000EB，比 2021 年增加了 25%，存储容量保持较快增速。全闪存存储技术为代表的先进存力快速发展，31 个省（自治区、直辖市）相继明确存力建设目标。上海市、山东省、宁夏回族自治区、天津市、广西壮族自治区、湖南省、湖北省、福建省、青海省、云南省等纷纷发布存力相关指导文件。

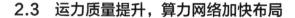
2.3 运力质量提升，算力网络加快布局

我国网络基础设施建设不断完善，为算力产业发展和网络强国建设提供有力保障。根据工业和信息化部统计的数据，截至 2023 年 9 月底，我国累计建成 5G 基站超 318.9 万个，全国光缆线路总长度达到 6310 万千米，比 2022 年年末净增 3511.7 万千米，具备千兆网络服务能力的 10G-PON 端口数达 2185 万个，比 2022 年年末净增 661.9 万个。随着"东数西算"工程的持续推进，电信运营商对算力网络的投入持续加大：中国电信不断优化"2+4+31+X+O"的算力布局，在京津冀、长三角、粤港澳大湾区、成渝等区域中心节点，打造天翼云 4.0 自研多可用区（Avaliability Zone，AZ）能力；中国移动打造"4+N+31+X"集约化梯次布局，加强云网边协同发展；中国联通完善"5+4+31+X"多级架构，加强骨干网时延领先及多云连接优势，在 170 个城市实现"一城池"，边缘计算节点超过 400 个。

3 算力最新进展

3.1 全球算力规模分析

3.1.1 全球算力规模情况

在算力规模方面[1]，截至 2022 年年底，全球算力总规模达到 650EFLOPS（FP32），同比增长 24.8%。其中，通用算力为 498EFLOPS（FP32），智能算力为 142EFLOPS（FP32），超算算力为 10EFLOPS（FP32）。美国与中国的算力能力位列前两名，美国算力总规模为 200EFLOPS，中国算力总规模为 180EFLOPS。美国、中国、日本、德国、英国分别占比 31%、28%、5%、4%、

---

1 算力规模部分包含通用算力、智能算力、超算算力，边缘算力暂未纳入统计范围，表示方式皆为单精度（FP32）。

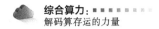

3%，全球超过 70% 的算力集中在这 5 个国家。

3.1.2　全球市场规模情况

（1）通用算力

在服务器出货量层面，Gartner 数据显示，2022 年全球服务器市场出货量为 1381 万台，同比增长 6.9%；产值达 1182 亿美元，同比增长 18.9%。2019—2023 年全球服务器市场出货量如图 3-1 所示。

数据来源：Gartner，中国信息通信研究院

图 3-1　2019—2023 年全球服务器市场出货量

针对中央处理器（Central Processing Unit，CPU）出货量，IDC 数据显示，2022 年 CPU 市场出货量约为 3700 万台，基本与 2021 年持平。2018—2022 年全球 CPU 市场出货量如图 3-2 所示。

Intel 与 AMD 两家占全球数据中心 CPU 市场九成的份额。IDC 数据显示，2022 年第四季度，Intel 在全球数据中心 CPU 占比为 73.8%，AMD 为 18.2%，其余 8% 的市场份额分别由 Ampere、AWS、IBM 等占据。值得关注的是，AMD 的市场份额在持续上升，其原因主要在性能和成本两个方面：在性能方面，AMD 一直在较好地执行 EPYC[1] 的路线图，通过 EPYC 更高的

1　EPYC 是一种多核心 x86 处理器，是 AMD 公司推出的高端服务器市场用 64 位处理器的系列产品，其特点是具有高并发性能和响应能力更快，大幅提高了企业实现数据中心转型的效率和可靠性。

核心数量在稳步获取服务器处理器的市场份额；在成本方面，AMD 相对占优势，在全球经济形式下行的大背景下，AMD 的市场份额反而有了更强的增长动力。

数据来源：IDC

图 3-2 2018—2022 年全球 CPU 市场出货量

2022 年第四季度全球数据中心 CPU 市场份额如图 3-3 所示。

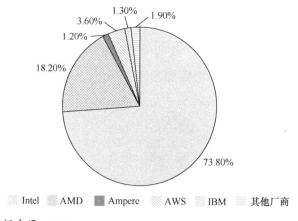

数据来源：IDC

图 3-3 2022 年第四季度全球数据中心 CPU 市场份额

（2）智能算力

① 图形处理单元（Graphics Processing Unit，GPU）市场规模。IDC 数据显示，2022 年全球 GPU 市场收入为 108.85 亿美元，当前 GPU 市场几乎被

英伟达垄断，其占据99%的市场份额。随着人工智能及大模型的兴起，未来3年GPU具有较为清晰、广大的市场前景，2022—2026年，全球GPU出货量将实现10.61%的复合年均增长率。全球GPU市场收入季度统计见表3-1。

表 3-1　全球 GPU 市场收入季度统计

单位：百万美元

	第一季度	第二季度	第三季度	第四季度	年度合计
2017年	491	458	522	586	2057
2018年	684	754	780	668	2886
2019年	570	600	665	745	2580
2020年	912	1091	1189	1289	4481
2021年	1456	1521	1820	2353	7150
2022年	2580	2664	2640	3001	10885

数据来源：IDC

②现场可编程门陈列（Field Programmable Gate Array，FPGA）市场规模。IDC数据显示，2022年FPGA市场达到11.33亿美元，同比增长44.3%，Xilinx（已被AMD收购）与Intel几乎占据全部FPGA市场份额。2022年第四季度，Xilinx和Intel分别占据全球市场23.5%和76.5%的份额。2022年第四季度FPGA市场份额如图3-4所示。

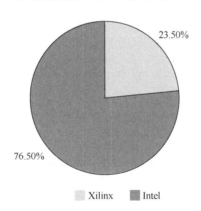

数据来源：IDC

图 3-4　2022 年第四季度 FPGA 市场份额

（3）超算算力

在全球范围内，少数国家拥有强大的高性能计算能力。2023 年 6 月，在全球超算算力 TOP500 中，美国、中国分别以 151 台、136 台上榜，两个国家占总数的 57.2%。其次是德国、日本、法国、英国、加拿大、韩国、荷兰和巴西。1993—2022 年世界排名第一超算见表 3-2。

表 3-2　1993—2022 年世界排名第一超算

时间	名称	公司	国家
1993.06—1993.11	CM-5	TMC	美国
1993.11—1994.06	数值风洞	富士通	日本
1994.06—1994.11	Paragon XP/S140	Intel	美国
1994.11—1996.06	数值风洞	富士通	日本
1996.06—1996.11	SR2201	日立	日本
1996.11—1997.06	CP-PACS	日立	日本
1997.06—2000.11	ASCI Red	Intel	美国
2000.11—2002.06	ASCI White	IBM	美国
2002.06—2004.11	地球模拟器	日本电气（NEC）	日本
2004.11—2008.06	蓝色基因/L	IBM	美国
2008.06—2009.11	走鹃（超级计算机）	IBM	美国
2009.11—2010.11	美洲虎（超级计算机）	Cray	美国
2010.11—2011.06	天河-1	国防科技大学	中国
2011.06—2012.06	京（超级计算机）	理化研究所	日本
2012.06—2012.11	蓝色基因/Q	IBM	美国
2012.11—2013.06	Titan	Cray	美国
2013.06—2016.06	天河-2	国防科技大学	中国
2016.06—2017.11	神威·太湖之光	国家并行计算机工程技术研究中心	中国

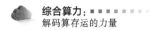
续表

时间	名称	公司	国家
2018.06—2019.11	Summit	IBM	美国
2020.06—2021.11	Supercomputer Fugaku	富士通	日本
2021.11—2023.06	Frontier	美国橡树岭国家实验室	美国

数据来源：中国信息通信研究院整理

（4）边缘算力

在过去的几年，随着5G、物联网等技术的发展，边缘算力的技术和应用也在快速向前推进。IDC数据显示，边缘算力基础设施增长率达20.1%，预计2027年边缘算力基础设施收入达到155亿美元。

（5）量子计算

根据IDC预测，到2027年，全球量子计算市场规模将达到107亿美元，10年内增长超过40倍。麦肯锡数据显示，截至2022年年底，全球量子计算投资额达到54亿美元，相关初创企业有223家，到2040年市场规模最高将达到930亿美元，潜在经济价值最少超过6200亿美元。

3.2 我国算力规模分析

3.2.1 全国算力规模情况

在算力规模方面，截至2022年年底，我国算力总规模为180EFLOPS（FP32），同比增长29%。其中，通用算力为137EFLOPS（FP32），智能算力为41EFLOPS（FP32），超算算力为2EFLOPS（FP32）。上海市、江苏省、广东省、河北省和北京市的算力规模皆超过10EFLOPS。2022年我国31个省（自治区、直辖市）算力规模情况如图3-5所示。

单位：EFLOPS

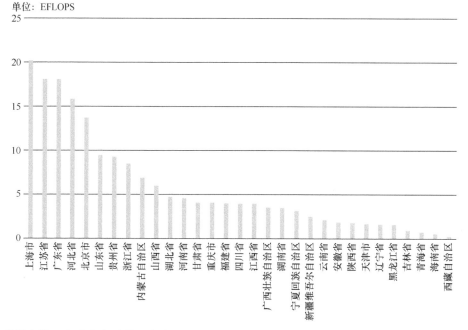

数据来源：中国信息通信研究院

图 3-5　2022 年我国 31 个省（自治区、直辖市）算力规模情况

3.2.2　全国市场规模情况

（1）通用算力

Gartner 数据显示，2022 年中国服务器市场出货量为 396.06 万台，同比增长 2.66%，产值达 289.74 亿美元，同比增长 11.75%。

（2）智能算力

IDC 数据显示，2022 年中国人工智能市场相关支出达到 130.3 亿美元，有望在 2026 年达到 266.9 亿美元，2022—2026 年复合增长率达 19.6%。2022 年，我国人工智能芯片市场规模中，GPU 占比达 89%，神经网络处理单元（Neural network Processing Unit，NPU）、专用集成电路（Application Specific Integrated Circuit，ASIC）、FPGA 占比分别为 9.6%、1.0%、0.4%。

2022 年我国人工智能芯片市场规模占比如图 3-6 所示。

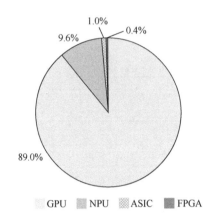

数据来源：IDC

图 3-6   2022 年我国人工智能芯片市场规模占比

（3）超算算力

目前，我国已建成包括天津、广州、深圳、长沙、济南、无锡、郑州、昆山、成都、西安等国家超级计算中心。Frost & Sullivan 预测，2022—2025 年我国超算服务市场规模复合增速约为 24.1%，若持续保持这一增速发展，到 2028 年，中国超算算力服务市场规模将接近 900 亿元。

（4）边缘算力

IDC 数据显示，2022 年中国边缘计算服务器整体市场规模达到 42.7 亿美元，2021—2026 年中国边缘计算服务器整体市场规模年复合增长率将达到 23.1%，高于全球 22.2% 的年复合增长率。

（5）量子计算

飞速增长的数据量催生了量子计算的巨大需求。麦肯锡数据显示，当前，我国的量子计算初创企业的私人投资达 4.79 亿美元。量子计算领域技术创新活跃，专利申请数量上升迅速，中国在量子计算技术领域创新能力较强。中国信息通信研究院的数据显示，截至 2022 年 9 月，量子计算领域专利申请数量中国位居第二，专利申请数量占比达到 26%。

在产业数字化转型方面，高度复杂的计算场景需要更多高性能算力支持，受到量子计算显著影响的行业主要包括农业、能源、金融、政务服务、医疗、运输和物流。量子计算行业潜力热度如图 3-7 所示。

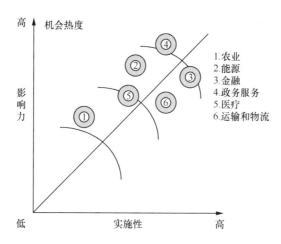

数据来源：Prestige Economics、头豹研究院、中国信息通信研究院

图 3-7　量子计算行业潜力热度

3.3　我国算力产业现状

3.3.1　通用算力迈向高制程、多核、新IP之路

通用算力主要通过各种常规计算任务来提供服务，同时，通用算力技术的发展也促进了各细分应用场景的算力适配。

芯片制程发展正朝着高制程、高性能、低能耗的方向发展。台积电官方网站的数据显示，该公司 7nm FinFET 制程比 10nm 速度增快约 20%，功耗降低约 40%。以核数提升解决性能瓶颈难关，仅提升 CPU 主频已不能明显提高系统的整体性能，反而会导致 CPU 功耗上升。因此，多核处理器可以让多项任务真正同时执行，在单核处理器通过指令级并行性能提升空间有限的情况下，通过多核在任务级做到真正的并行，进一步提升 CPU 的性能。IP 以产业分工专业化的形式降低了 CPU 芯片设计的难度。ARM 公司的快速崛起，有力地证明了 IP 商业模式的成功应用。通过购买成熟可靠的 IP 方案，研发人员以此为基础进行设计和开发，可以缩短研发周期、降低难度并优化芯片的性能。2008—2023 年 Intel 和 AMD CPU 工艺不断提升如图 3-8 所示。

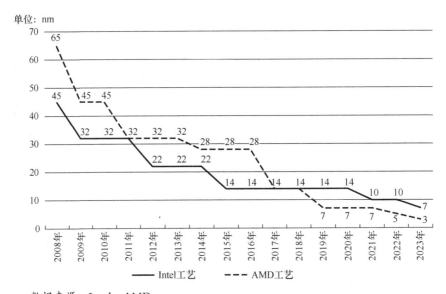

数据来源：Intel、AMD

图 3-8　2008—2023 年 Intel 和 AMD CPU 工艺不断提升

3.3.2　智能算力保障和助推人工智能发展

算力是数字经济时代的核心生产力，智能算力则是数字化创新的源动力。智能算力技术水平的不断提升将保障和助推人工智能在国家经济建设、科技实力提升、生产力发展等方面的进程。

智能算力主要借助 GPU、FPGA、AI 芯片等提供计算能力，主要用于人工智能的训练和推理计算等场景。目前，GPU 芯片根据指令集架构可以分为 IMG A-Series、IMG B-Series 和 PowerVR Rogue 等。FPGA 是在 PAL、GAL 等可编程器件基础上发展而来的，FPGA 芯片是提高小批量系统集成度和可靠性的最佳选择之一。从狭义上看，AI 芯片被定义为"专门针对 AI 算法做了特殊加速设计的芯片"。"十四五"规划中明确提出聚焦高端芯片、人工智能关键算法等关键领域，加快布局神经芯片等前沿技术，国内华为、寒武纪、燧原科技等新兴 AI 芯片持续涌现。

智能算力在保障人工智能产业发展中扮演了关键角色。由于人工智能产业发展受政策和资本推动，近年来专利数量不断增加，产业链逐步完善，足够的智能算力保障将直接推动产业的高质量发展。目前，终端应用层 AI 芯片发展较快，在智慧城市、无人驾驶、智能医疗、智能家居等领域，各类 AI 芯片受到国内企业青睐。在大模型方面，Transformer 架构、迁移学习和自监督学习是大模型的技术基础，应用于自然语言处理（Natural Language Processing，NLP）和视觉任务也取得突破。语言类、视觉类模型容量和算力需求快速扩大，支撑大模型不断发展。人工智能创作内容（AI Generated Content，AIGC）应用将逐步商业化，为元宇宙内容生产带来变革。学术界目前致力于优化预训练大模型性能，降低算力成本，提升落地能力。互联网企业正在推动自研大模型落地并实现标准化服务，其以实现人工智能普惠化的目标。

3.3.3 超算算力支撑科学计算研究

我国超级计算机发展迅速，在自主可控、峰值速度、持续性能、绿色指标等方面取得突破。2002—2022 年，我国超算平均性能提升了 9000 万倍。2002—2022 年我国超算算力情况如图 3-9 所示。

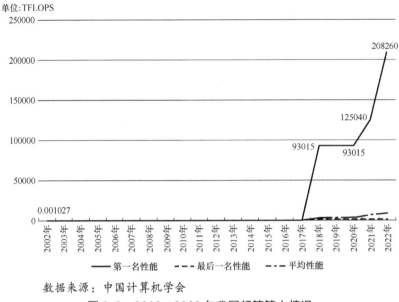

图 3-9　2002—2022 年我国超算算力情况

以武汉超算中心为例，自投运以来已与约 30 家用户达成合作，在流体力学、遥感测绘、图计算、生命科学、气象气候等研究领域提供算力支持；以国家超级计算广州中心为例，其提供高性能的计算服务，涵盖材料化学、生物医药、工程机械仿真计算、气候模拟与海洋环境、金融计算等多个方面的研究领域，服务范围持续扩大。由于目前超算算力所适配的行业数量、用户群体相对较少，更多为高校、企业、孵化公司等提供算力，从而助力我国科学计算研究的发展。

超算算力主要在并行计算、分布式存储、高性能网络、大规模数据处理、数值模拟和仿真以及人工智能和机器学习等方面运用了许多先进的技术。以"神威·太湖之光"系统为例，其计算模型主要适配最新的并行计算模型 P-PALN。该模型分为 P-PALN 的"P 部分"和"PALN[1] 部分"两个层次：在"P 部分"中，对于多计算节点间的并行，采用 BSP/LogP 模型，

1　PALN（Parallel-Parallel Access via LDM & NOC）并行计算模型。

即对于计算节点内的众核并行；在"PALN 部分"中，基于"神威·太湖之光"系统的神威众核处理器的硬件特征，抽象出基于处理单元私有空间直接访问和片上通信间接访问的混合并行计算模型，即模型的"PALN"部分。PALN 模型使用从核 LDM 访问和片上阵列通信的混合并行方式，能够有效描述众核并行架构，协助用户进行众核并行算法设计，同时根据性能评估结果指导神威众核处理器硬件设计参数的持续优化。面向"神威·太湖之光"系统的并行计算模型 P-PALN 如图 3-10 所示。

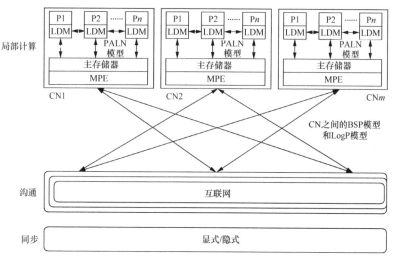

数据来源：中国信息通信研究院

图 3-10　面向"神威·太湖之光"系统的并行计算模型 P-PALN

3.3.4　边缘算力成为创新型业务模式

技术创新驱动边缘算力的发展。分布式计算模式不断涌现，使计算资源更靠近数据和业务活动的位置，提升了边缘算力技术的成熟度。新型网络架构要求资源可按需调用，为不同行业提供快速响应和灵活部署，也将边缘算力定义为重要的组成部分。边缘算力与网络技术融合，促进网络向开放化、智能化、协同化的方向演进，实现多维度资源协同调度优化。总体而言，边缘算力带来开放性、可调度性、可分配性等优势，将技术理念由刚性、粗放转变为弹性、精细。

边缘算力作为一种新型的服务模型，将数据或任务放在靠近数据源头的网络边缘侧处理。从数据源到云计算中心之间的任意功能实体，搭载着融合网络、计算、存储、应用核心能力的边缘计算平台，为终端用户提供实时、动态和智能的算力。其中，隔离技术是支撑边缘算力稳健发展的关键技术，边缘设备需要通过有效的隔离技术来保证服务的可靠性和服务质量。在云计算场景下，由于某一应用程序的崩溃可能带来整个系统的不稳定，造成严重的后果，而在边缘算力下，这一情况变得更加复杂。在云平台上普遍应用的 Docker 技术可以实现应用在基于 OS 级虚拟化的隔离环境中运行，Docker 技术的存储驱动程序采用容器内分层镜像的结构，使应用程序可以作为一个容器快速打包和发布，从而保证了应用程序间的隔离性。Docker 技术体系示意如图 3-11 所示。

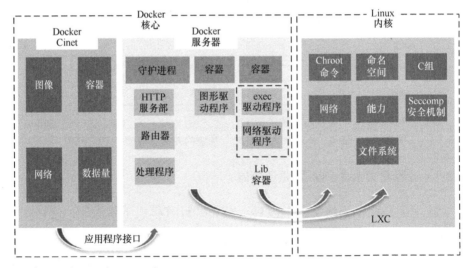

数据来源：中国信息通信研究院

图 3-11 Docker 技术体系示意

从边缘算力所需解决问题的角度出发，其创新点在边缘既要处理结构化数据，又要处理非结构化数据，兼容性更高。边缘算力架构需要解决异构计算体系中不同指令集和芯片的高效协同工作问题，以满足不同业务需求，并实现性能、成本、功耗和可移植性的优化。处理器、算法和存储器是边缘算力系统的关键要素。

3.3.5　算力需求为量子计算的广泛应用提供新机遇

不断增长的算力需求，例如 6G，将面临更大规模业务优化、更大规模网络优化、更大规模信号处理和机器学习大模型训练等计算难题，经典计算与算法面临巨大的压力。ChatGPT 大热之后，人工智能背后的海量算力需求问题随之凸显，仅 GPT-3 就包含了 1750 亿个参数，大模型的发展需要大量的算力支撑。

与传统的计算相比，量子计算具有更强大的计算和存储能力、更高的计算效率和更低的能耗。它以微观粒子构成的量子比特作为基本处理和存储单元，可以表示更多状态并进行可逆操作，理论上有攻克传统计算难题的巨大潜力。

量子计算的技术路线主要包括硬件平台和软件算法两个方面。量子计算处理器硬件平台存在超导、光量子、离子阱、半导体、中性原子、拓扑、金刚石 NV 色心等主要技术路线。但对于量子硬件技术路线和性能提升的长期前景，仍存在不确定性。目前业界将继续努力扩展量子比特规模、提高量子态质量和加快量子计算速度等，并开发最适合的软件算法以激发量子计算的最大效能，从而实现从物理比特向逻辑比特过渡。

4　存力最新进展

4.1　政策现状

4.1.1　全球各国发布政策保障数据存储发展

近年来，数字经济发展速度之快、辐射范围之广、影响程度之深前所未有，正在成为重组全球要素资源、重塑全球经济结构、改变全球竞争格局的关键力量。在此背景下，数据要素的价值日益凸显，全球各国纷纷出台政策以保障数据要素价值的释放。

数据存储是数据全生命周期的重要一环，是数据利用的基础，也是数据处理、数据挖掘、数据价值等环节实现的前提。针对数据存储产业，相关国家发布了多项政策及规定。

美国、日本、韩国及欧洲等发达国家和地区数据存储起步较早，近年来推出的政策和国家战略主要偏向激励本土芯片和半导体产业发展，目的是确保本国在全球数据存储领域的优势地位。2022年8月，美国总统拜登签订《2022年芯片与科学法案》，为美国本土芯片行业提供巨额补贴，鼓励相关企业在美国建厂。受法案激励，美国宣布在2030年年底前投资400亿美元，在美国分阶段建立领先的存储器制造业务，将美国存储器产量从2%的全球市占率提升至10%。2022年4月，日本发布《人工智能战略2022》，提出加大数据存储基础设施的建设，提高供应链的安全性；2023年3月，韩国通过《K-芯片法案》，通过给予企业税收优惠的方式，激励本土芯片行业的发展，该法案有望促进三星电子、SK海力士等存储厂商在韩国本土的投资。2022年2月，欧盟基于《欧洲数据战略》，提出《欧洲数据法案》，旨在加强数字基础设施投资，以提升欧盟的数据存储、处理、使用和互操作能力及基础设施建设。

泰国、印度等东南亚国家数据产业发展起步较晚，数据存储相关政策主要集中在基础设施建设及个人数据保护方面。2022年6月，泰国通过全国首例《个人数据保护法》，旨在提升本土数据存储安全能力。2022年5月，印度发布《国家数据治理框架政策》，其内容包括提升本国数据存储能力，以及提升本国人工智能和数据产业能力；同年12月，又发布《印度将成为云计算和数据中心枢纽》，提出加强本国云计算相关基础设施建设，其中包括建设大型数据存储基地，构建以人工智能和数据为主导的研究和创业生态系统。相关国家和地区数据存储产业相关政策见表4-1。

表 4-1 相关国家和地区数据存储产业相关政策

国家/地区	时间	文件名称	主要内容
美国	2022年7月	《2022年联邦数据中心增强法案》	加强联邦数据中心的安全性，推动政策重点从数据中心整合转向数据中心优化、安全和弹性的方向上
	2022年8月	《2022年芯片与科学法案》	为美国本土芯片行业提供巨额补贴，给半导体和存储设备制造商提供投资税收抵免，鼓励相关企业在美国建厂
欧盟	2022年2月	《欧洲数据法案》	加强数字基础设施投资，以提升欧盟的数据存储、处理、使用和互操作能力及基础设施建设
英国	2022年6月	《英国数字战略》	旨在通过数字化转型建立更具包容性、竞争力和创新性的数字经济，使英国成为世界上开展和发展科技业务的最佳地点
日本	2022年4月	《人工智能战略2022》	推进数据合作和标准化，防止数据偏差、AI技术滥用的风险；确保数据真实性和数据所有人的知情权；构建数据存储的基础设施，确保供应链的安全性
	2023年4月	《半导体·数字产业战略》修正案	力争到2030年将日本半导体、零部件和材料制造公司的销售额提高至15万亿日元
韩国	2023年3月	《K-芯片法案》	通过给予企业税收优惠来刺激投资，激励韩国本土的芯片产业
泰国	2022年6月	《个人数据保护法》	规定使用个人数据的数据控制者和处理者必须获得数据所有者的同意，并且只能用于明确的目的
印度	2022年5月	《国家数据治理框架政策》	旨在实现政府数据收集和管理流程的转型和现代化，通过创建一个大型数据存储基地，实现以人工智能和数据为主导的研究和创业生态系统
	2022年12月	《印度将成为云计算和数据中心枢纽》	提出要增强云服务相关设施的建设，包括云平台、基础设施、应用程序和存储服务

资料来源：中国信息通信研究院

4.1.2 存算运成为中国算力产业的热点话题

当前，新一代信息技术快速发展，对数据资源存储、计算和应用需求大幅提升。随着行业数字化转型需求的爆发及应用场景的日益多元化，算力技术产品形态多样、体系多维、关联要素众多，对各行各业的赋能模式也在不断创新升级。

存力作为广义算力的重要组成部分，在产业界的关注度不断提升。国家高度重视存储基础设施的建设与发展。2021 年 5 月，国家发展和改革委员会印发《全国一体化大数据中心协同创新体系算力枢纽实施方案》，提出加大分布式计算与存储、数据流通模型等软硬件产品的规模化应用。2021 年 7 月，工业和信息化部印发《新型数据中心发展三年行动计划（2021—2023）》，提出加强核心技术的研发，鼓励企业加大技术研发投入，开展新型数据中心预制化、液冷等设施层，专用服务器、存储阵列等 IT 层，总线级超融合网络等网络层的技术研发。2022 年 12 月，《中共中央 国务院关于构建数据基础制度更好发挥数据要素作用的意见》发布，提出加快构建数据基础制度，充分发挥我国海量数据规模和丰富应用场景优势，激活数据要素潜能，做强做优做大数字经济，增强经济发展新动能，构筑国家竞争新优势。2023 年，中共中央、国务院印发《数字中国建设整体布局规划》，提出夯实数字基础设施和数据资源体系"两大基础"，推进数字技术与经济、政治、文化、社会、生态文明建设"五位一体"深度融合，强化数字技术创新体系和数字安全屏障"两大能力"，优化数字化发展国内国际"两个环境"。产业引导方面，存储也成为全国两会等重要会议上的热点词汇。

4.1.3 全国多省提出存力发展多维目标

目前，算力基础设施的发展由概念走向落地，为存力的发展带来了良好的契机，我国 31 个省（自治区、直辖市）在制定政策时不再只是定性描述发展目标，而是逐渐提出相关定量指标。针对数据中心存储规模，山东省、湖南省提出到 2025 年，存力规模目标达到 50EB，贵州省提出要突破 60EB；针对先进存储，上海市、山东省、广西壮族自治区、宁夏回族自治区、湖南省、四川省、福建省等提出了先进存储建设要求；针对绿色低碳发展，湖南省、四川省等提出要扩大全闪存存储技术的使用范围，助力行业绿色发展；针对存储安全可靠，广西壮族自治区、青海省和天津市均要求重要核心数据 100% 灾备。部分省（自治区、直辖市）存储相关政策见表 4-2。

表 4-2　部分省（自治区、直辖市）存储相关政策

省（自治区、直辖市）	发布时间	文件名称	主要内容
山东省	2022年8月	《山东省一体化算力网络建设行动方案（2022—2025年）》	存力规模达到50EB，先进存储占比达12%
广西壮族自治区	2022年9月	《中国—东盟信息港算力网络建设行动计划》	先进全闪存占比12%，重要核心数据100%灾备
青海省	2023年1月	《绿色零碳算力算力网络建设行动计划2023—2025年》	存力规模达到10.7EB，先进存储占比12%，重要核心数据100%灾备
天津市	2023年4月	《关于做好算力网络建设发展工作的指导意见》	先进存储占比25%，提升全闪存等先进存储应用占比，核心数据100%容灾备份
贵州省	2023年3月	《面向全国的算力保障基地建设规划》	存力规模60EB，树立"存力为基，数据为核"的理念
宁夏回族自治区	2022年8月	《宁夏回族自治区数据中心建设指南》	提高数据中心全闪存半导体介质所占比例，保持计算和存储两个核心要素的均衡
湖南省	2022年6月	《湖南省强化"三力"支撑规划（2022—2025年）》	数据中心总存储能力达50EB，加大安全绿色的全闪存存储技术使用

续表

省（自治区、直辖市）	发布时间	文件名称	主要内容
四川省	2021年11月	《四川省"十四五"存储产业发展规划》	推动数据存储介质全场景闪存化
福建省	2022年3月	《福建省数据中心和5G等新型基础设施绿色高质量发展实施方案》	提出加快闪存等技术应用，提高计算存储综合能力

资料来源：中国信息通信研究院

4.2　产业现状

4.2.1　存储设备出货量稳步增长，企业级存储占比不断升高

数字经济快速发展带动数据规模爆发式增长，应用多元化、数据巨量化成为业界主流趋势，数据量增长对存储设备的需求稳步增加，同时推动数据存储产业加速创新。硬盘是存储的主要部件，是保存数据的关键介质，主要包括硬盘驱动器（Hard Disk Drive，HDD）和固态硬盘（Solid State Disk，SSD）两大类。2017—2022 年全球 HDD 出货容量及增长率如图 4-1 所示。

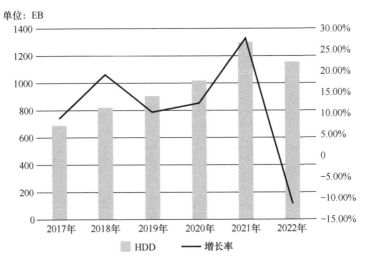

数据来源：IDC、Trendfocus

图 4-1　2017—2022 年全球 HDD 出货容量及增长率

2017—2021 年全球 HDD 出货容量保持增长，平均年出货容量为 980EB，2022 年较 2021 年下降了 11%。2022 年，全球 HDD 出货容量超 1100EB，达全球存储容量的 80%。2017—2022 年全球 SSD 出货容量及增长率如图 4-2 所示。

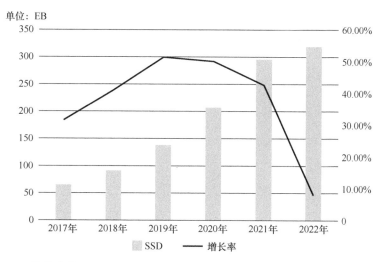

单位：EB

数据来源：IDC、Trendfocus

图 4-2 2017—2022 年全球 SSD 出货容量及增长率

SSD 是用固态电子存储芯片阵列制成的硬盘。2017—2021 年，全球 SSD 市场发展迅速，出货容量逐年升高，增长率维持在 30%～50%。2022 年，全球 SSD 出货容量为 318EB，达全球存储总量的 20%。据 IDC 预测，到 2025 年，全球 SDD 出货容量将进一步上升，达到 805EB，占全球存储总量的 25%。

企业级存储是数据中心级存储的主要组成部分，在数据存储产业中占据关键地位。在企业级存储应用中，全 HDD 存储出货容量较稳定，基于 SSD 的全闪存存储使用范围不断扩大，具有良好的发展前景。

2018—2022 年全球企业级存储出货容量及增长率如图 4-3 所示。可以看出，企业级存储应用中，全 HDD 存储增长率明显低于全闪存存储增速，每年的出货容量长期维持 25EB～30EB；而基于 SSD 的全闪存存储容

量已由 3.7EB 增长至 22.7EB，年平均增长率达 44% 左右，2022 年增长率
达 47%。SSD 在性能、效率、节能、可靠性等方面已全面超越 HDD。同时，
企业级存储通过编码算法、芯片卸载和大容量、高密度盘等闪存介质应用
技术，进一步构建了全闪存数据存储系统竞争力。未来 SSD 在企业级存储
应用中的使用占比将继续增长。

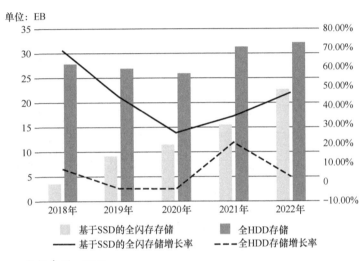

数据来源：IDC

图 4-3　2018—2022 年全球企业级存储出货容量及增长率

4.2.2　单位容量存储介质成本逐步降低

随着存储技术的发展，单位存储容量成本逐渐降低。2020—2026 年
SSD 与 HDD 单盘售价变化及预测如图 4-4 所示。

如图 4-4 所示，HDD 硬盘单盘售价趋于稳定，SSD 单盘售价在逐渐降
低，其中以 1TB SDD 最为明显，其单价已从 2020 年的 110 美元降至 2022
年的 80 美元。预计至 2025 年，1TB SSD 的硬盘售价将与等容量的 HDD 硬
盘相近。

推动单位存储成本下降的一个重要因素是 SSD 中 QLC（4bit/cell）闪存

使用占比不断上升。与当前 SSD 中使用的主流 TLC（3bit/cell）闪存相比，QLC 闪存每单元数据存储量更高。未来，随着 QLC 技术的不断成熟，基于 QLC 闪存的 SSD 将在市场上得到更广泛的应用，进一步降低存储成本。此外，半导体行业的周期性也是近年来 SSD 价格降低的重要原因。

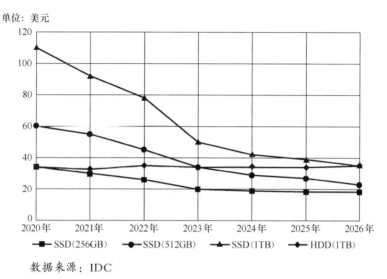

单位：美元

数据来源：IDC

图 4-4　2020—2026 年 SSD 与 HDD 单盘售价变化及预测

4.2.3　存储市场中国厂商地位持续提升

近年来，存储国产化加速，中国存储厂商持续深化发展，力求打造强大的、先进的数据存储产业，争取发展主动权。Gartner 连续多年发布主存储象限（包括通用存储象限和全闪存象限）、分布式存储和对象存储象限，以及企业级备份和恢复象限显示，2022 年，在主存储象限方面，华为凭借 OceanStor 全闪存、混合闪存等产品，从 2016 年以来连续 6 年入选领导者象限，浪潮存储处于挑战者象限；在分布式文件系统和对象存储方面，处于领头地位是美国公司，但国内企业也在加强自研，实现突破，例如，华为的分布式存储位列国际权威的 IO 500 榜单全球第一。

4.3 中国数据存力发展情况分析

4.3.1 我国数据存力发展情况分析

我国数据存力规模稳步发展，2022年存力总规模较2021年持续增长，增速达到25%，2022年存力总规模（5年计量）已达1000EB。2021—2022年我国存力总规模如图4-5所示。

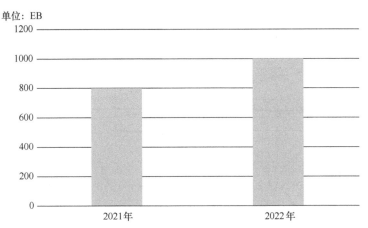

单位：EB

数据来源：中国信息通信研究院

图4-5　2021—2022年我国存力总规模

2017—2021年，我国存储容量增量不断增长，并在2021年超过300EB，2022年略有下降，但增量仍然超过250EB。2017—2022年我国存储容量年增量如图4-6所示。

相较于2021年，2022年存储容量增量下降的原因主要包括宏观经济和行业周期两个方面。在宏观经济方面，ICT基础设施投资降低，数据存储产业需求端变动，2022年全球市场中服务器存储设备需求下降，仅企业级存储设备需求保持上升。在行业周期方面，2021年新兴的星际文件系统（Inter Planetary File System，IPFS）应用投资激增，带来了一波爆发性存储需求，2022年IPFS需求出现了消退。但宏观经济复苏、大模型等人工智能新兴应用的加速普及，将带动存储容量年增量继续快速增长。

单位：EB

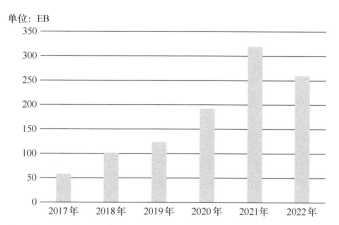

数据来源：中国信息通信研究院

图 4-6　2017—2022 年我国存储容量年增量

4.3.2　区域数据存力发展情况分析

数据存力发展水平与数字经济规模高度相关。我国东部地区[1]数字经济发展较早，数字经济竞争力整体水平较高。目前，超 600EB 的数据存储都集中在我国东部，在全国占比超过 60%；为响应"东数西算""东数西存"战略，西部区域大力发展数据中心产业，打造数据底座，其数据存储容量占比超过 20%；中部地区和东北部地区数字经济发展起步较晚，整体存力发展水平低于西部，中部 6 省及东北部 3 省的存储规模最小，数据存储容量占比不足 20%。2022 年我国不同区域存储容量存量占比情况如图 4-7 所示。

1　东部地区包括北京、天津、河北、上海、江苏、浙江、福建、山东、广东和海南 10 个省（直辖市）；中部地区包括山西、安徽、江西、河南、湖北和湖南 6 省；西部地区包括内蒙古、广西、重庆、四川、贵州、云南、西藏、陕西、甘肃、青海、宁夏和新疆 12 个省（自治区、直辖市）；东北地区包括辽宁、吉林和黑龙江 3 省。

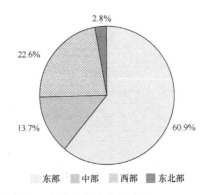

数据来源：中国信息通信研究院

图 4-7　2022 年我国不同区域存储容量存量占比情况

从 31 个省（自治区、直辖市）平均存储容量存量看，东部发达省份平均存储容量明显较高，约为 60EB；中部和西部省份平均存储容量相近，均为 20EB 左右；东北部 3 省平均存储容量不足 10EB。从先进存力占比来看，西部地区数据中心产业抓住发展机遇，实现高质量发展，先进存力占比超过 15%，超越中部地区。其中，广西、贵州、甘肃等省（自治区）的先进存力占比达到 17%；东北部地区略微落后，存储规模和存储质量均有待提升。2022 年我国不同区域平均存储情况如图 4-8 所示。

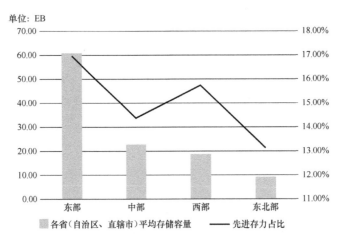

数据来源：中国信息通信研究院

图 4-8　2022 年我国不同区域平均存储情况

4.3.3　各省数据存力发展情况分析

目前，我国数据存储容量的集中度仍然较高，广东、江苏、上海、河北、北京、浙江 6 省（直辖市）作为数据生产大省，存储容量总和达到 520EB，占全国存储总量的一半以上。其中，北京、上海、广东的数据存储总量达 280EB，约占全国总存量的 28%，与 2021 年相比略微降低。北京、天津、河北、四川、内蒙古、贵州、甘肃、宁夏、上海、浙江、江苏等枢纽城市的数据产业发展势头强劲，存储容量上升明显，贵州、甘肃、四川等省存量已位于全国中上水平。2022 年我国 31 个省（自治区、直辖市）存储情况如图 4-9 所示。

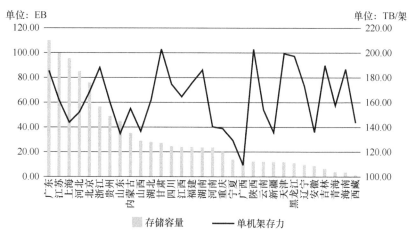

数据来源：中国信息通信研究院

图 4-9　2022 年我国 31 个省（自治区、直辖市）存储情况

在单机架存力方面，31 个省（自治区、直辖市）单机架存力水平相差不大，整体位于 100～200TB，平均值达到 163TB。其中，西部地区的陕西、甘肃两省单机架存力超过 200TB，发展迅速。天津、广东等东部省（直辖市）单机架存力高于平均值。东北部黑龙江、辽宁省虽然整体存力发展较为落后，但是单机架存力位于全国前列，这可能与黑龙江省、辽宁省的存力发展起步较晚、老旧存储设备占比较低，以及机架数量较少有关。

在存算均衡方面，全国各省市平均存算比为5.7。中西部陕西、甘肃，东部天津、浙江，以及东北部地区存算比明显较高，而广西、上海等地虽然存储总量较高，但在存算均衡方面仍有待提升。

在存储先进性方面，全国平均先进存力占比为16%，北京市领先全国，达到近20%。贵州、甘肃、陕西、江苏、河南等省数据中心重点发展区域也超过了18%。广西、西藏、浙江、上海、河北等省（自治区、直辖市）先进存力占比相差不大，均位于15%～18%。内蒙古、山东、湖北等省（自治区）先进存力占比低于全国平均水平，仍需提升。2022年我国31个省（自治区、直辖市）存储质量情况如图4-10所示。

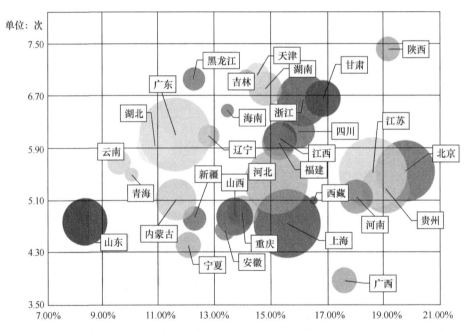

注：纵轴表示存算比、横轴表示先进存力占比、气泡大小表示存储设备平均每秒的读写次数；图中先进存力数据取企业级存储中闪存存储的占比。

数据来源：中国信息通信研究院

图4-10　2022年我国31个省（自治区、直辖市）存储质量情况

在整体存储性能方面，31个省（自治区、直辖市）存储设备平均每

秒的读写次数达 13 亿 IOPS。广东、北京、上海、江苏、河北、浙江等东部地区存储性能明显较高，均高于 21 亿 IOPS；东北部地区及青海、海南、西藏、陕西、新疆等中西部省（自治区）相对较低，均低于 5.3 亿 IOPS；其他省份相差不大，存储性能多在 9.6 亿 IOPS ～ 19.2 亿 IOPS。

4.4　典型行业先进存力发展情况分析

随着存储介质的不断发展，我国各行业逐渐重视先进存力，各行业先进存力占比如图 4-11 所示。

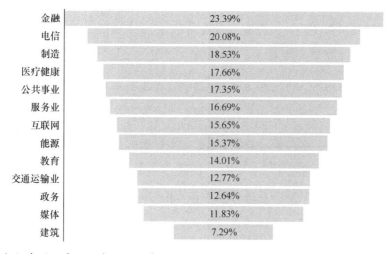

金融　　23.39%
电信　　20.08%
制造　　18.53%
医疗健康　17.66%
公共事业　17.35%
服务业　　16.69%
互联网　　15.65%
能源　　　15.37%
教育　　　14.01%
交通运输业　12.77%
政务　　　12.64%
媒体　　　11.83%
建筑　　　7.29%

数据来源：中国信息通信研究院

图 4-11　各行业先进存力占比

根据先进存力占比，我国部分行业可分为 3 个梯队，第一梯队包括金融行业和电信行业，因为金融行业和电信行业的业务对时延敏感度要求高，数据吞吐量大，闪存使用占比均超过 20%。金融行业需要使用大量的高速率闪存存储器来满足高可靠、高连续性的海量业务需求，先进存力占比超过 23% 行业；第二梯队包括制造行业、医疗健康行业、公共事业、服务业、互联网行业和能源行业，这些行业的部分业务对数据处理的时效性有一定的要求，HDD 难以满足业务要求，先进存力占比在 15% ～ 20%；第三梯队包含教育行业、交通运输行业、政务行业、媒体行业和建筑行业，这些行业对存储容量有一定要求，但不要求数据实时流通，可使用低成本、高稳定性的 HDD，先进存力使用占比低于 15%。

4.4.1　金融行业先进存力发展情况分析

金融行业在业务的实际运行中，存在存储资源准备时间长、资源变更烦琐、交付标准化程度低等问题。为达成"以客户为中心"的业务创新能力，保障高峰期用户并发数陡增情况下的流畅交易，做到既"稳"又"敏"，金融行业对存储的安全、容量、性能等方面有更高的需求。全闪存存储成为金融行业的重要支撑技术，2022 年，我国金融行业先进存力占比达到 23%。随着 SSD 成本的快速下降，全闪存数据中心正在被越来越多的金融机构接受。例如，湖北省农村信用社联合社数据中心利用全闪存技术实现了系统架构升级，投产后，系统的稳定性和性能均大幅提升，夜间业务处理时间由 5.5 小时缩短至 3.2 小时，日间业务处理时间由 3 小时缩短至 1.4 小时，耗时最长的存款计息批处理也由 110 分钟缩短至 15 分钟 [1]。

4.4.2　电信行业先进存力发展情况分析

当前，电信运营商的数据存储面临诸多挑战，例如，存储需求增长迅速、非结构化数据海量涌现、存储扩容压力大等。此外，数据存储需求和存储技术没有得到很好的匹配，部分传统存储成本高、扩展性有限，导致运维复杂。为解决这些问题，在电信运营商行业，传统磁盘阵列逐渐向全闪存阵列演进。根据中国信息通信研究院统计，截至 2022 年，我国电信行业外置先进存力占比已达 20%。以某电信运营商在 BOSS 的计费和 CRM 核心生

1　雷智 . 闪存助力湖北农信数字化 [J]. 金融电子化，2021（1）：88-89.

产库中的改造为例，该系统使用 2 套全闪存阵列，实现了 7 台老旧传统磁盘阵列的淘汰和整合，占用的机柜数量从 26 个降至 6 个，存储性能至少提升了 3 倍[1]，空间、维护成本和功耗明显降低。

4.4.3 政务行业先进存力发展情况分析

在数字政府时代，大数据技术通过对类型繁多、数量巨大的数据进行收集、处理、分析和预测，从而找到复杂事物的发展规律，进而为政府公共部门制定决策提供依据。为了更好地履行职责，政府需要存储大量的个人数据用于公共决策。同时，为了实现信息公开，政府需要公开大量的公共数据以满足人民群众的知情权；此外，云政务、视频监控、环境监测等场景也对存储器件的容量、速率、稳定性等性能提出了较高的要求。对政府而言，闪存主要应用在政务云、安防、监控等领域。在视频监控领域，硬盘一般长期处于运转状态。固态硬盘采用闪存介质，闪存单点可达到 40 万次的擦写次数，使用寿命为 10 年以上[2]，能够保障存储设备的安全性与可靠性，提升了安防监控系统的整体性能。

5 运力最新进展

5.1 政策分析

当前，全球数字经济高速发展，数字化转型不断加快，各类新型数字应用场景不断涌现，对算网基础设施性能提出了新要求。网络运力是网络

---

1 张春，方瑞，程宇，王娟，冯轶.电信运营商多样性存储应用实践[J].电信工程技术与标准化，2022，35（6）：14–21.

2 孙伟，杨宏，陆尧.安防视频存储应用的固态硬盘技术规范研究[J].信息技术与标准化，2022（7）：77–80.

设施、设备提供的，以实现数据在不同用户、算力设施间及算力设施内高效流动的网络运载力，是构建综合性算力服务的重要一环。全球主要国家将网络运力视为提高国家数字经济领域综合竞争力的关键赛道，通过政策、倡议、行动计划、发展蓝图等多种形式强化网络运力新技术引领，推动网络运力发展。

5.1.1 全球主要国家和地区加快网络运力政策制定与战略实施

① 欧盟。2021年3月发布的《2030数字罗盘：欧洲数字十年之路》提出，到2030年，欧洲所有家庭应实现千兆网络连接，所有人口密集地区实现5G网络覆盖，并在此基础上发展6G。同时，大力推动碳中和互联网节点建设，确保可以为地区内所有企业提供无时延的数据访问服务。其中，法国发布《法国企业IPv6部署指导》，指导IPv6技术应用从运营商扩大到行业领域。意大利联合客户、大学、研究机构建立IPv6专家委员会，发布IPv6立场报告。

② 美国。2020年11月发布的《完成向互联网协议第6版(IPv6)的过渡》[*Completing the Transition to Internet Protocol Version 6(IPv6)*]，旨在强化联邦政府对IPv6的采购和使用，推动IPv6技术应用发展。2023年6月，美国与芬兰进一步达成合作，共同签署了关于6G的合作声明，双方合作的内容包括6G通信、大规模无线试验台等。

③ 英国。2022年1月连续发布《2022年国家网络战略》《政府网络安全战略2022—2030》，其中国家网络战略旨在通过强化网络生态、网络技术、网络安全等能力建设，推动英国成为领先的网络强国。为了实现网络大国的发展目标，2023年4月，英国政府宣布投资将近1.5亿英镑用于推动5G应用及6G的早期研究，同时为英国偏远地区提供高速宽带服务，改善数字公共服务。

④ 日本。2022 年 6 月发布《数字田园都市国家构想》，计划在 2027 年年底将高速互联网通信光纤线路覆盖 99.9% 的家庭，到 2030 年年底把 5G 移动通信系统的人口覆盖率提升至 99%。

⑤ 韩国。韩国科学技术信息通信部于 2023 年 2 月表示，韩国计划在 2028 年推出 6G 网络服务，并在未来的 6G 网络专利竞争中，目标是将 6G 专利在全球占比提高到 30% 及以上。

⑥ 新加坡。2023 年 6 月发布"数字连接蓝图"，蓝图主要对硬基础设施、物理数字基础设施和软基础设施的未来发展进行了规划部署，其优先部署项是在未来 5 年内建立无缝的端到端 10Gbit/s，并确保数字基础设施的弹性和安全性。

5.1.2 我国网络运力政策不断完善

近十年来，我国政府不断强化网络运力政策保障，将网络发展上升到国家战略高度。2014 年 2 月，习近平总书记在中央网络安全和信息化领导小组第一次会议上首次提出"努力把我国建设成为网络强国"的目标愿景。2015 年，党的十八届五中全会明确提出了实施网络强国战略。党的十九大及党的二十大报告中均提到了加快网络强国建设，并将网络强国与制造强国、质量强国、航天强国、交通强国及数字中国并列，作为我国的一项重要国家战略。2023 年，我国先后发布了《国家信息化发展战略纲要》《"十四五"国家信息化规划》《数字中国建设整体布局规划》等国家层面战略规划和指导文件，为网络强国建设提供了重要指引。

为了更好地支撑网络强国战略实施，中央网络安全和信息化委员会、国家发展和改革委员会、工业和信息化部等国家部委积极响应党中央的工作指示，配套出台了一系列政策措施，推动 5G、千兆光网、IPv6/IPv6+、光传送网（Optical Transport Network，OTN）、算网融合等网络设施和技术的发展应用。2021 年 7 月，工业和信息化部发布《新型数据中心发展三年行动计划（2021—2023 年）》，提出持续优化国家互联网骨干直联点布局，提高网间互联质量，优化区域新型数据中心互联能力，推动边缘数据中心互联组网。2022 年 1 月，工业和信息化部、国家发展和改革委员会印发《关于促进云网融合 加快中小城市信息基础设施建设的通知》，指出要持续完善城区光缆网络，加快建设新型 IP 城域网、OTN、5G 承载网、云专网等。2022 年 2 月，"东数西算"工程正式启动实施，提出构建全国一体化算力网络，打通网络通道，促进数据要素在全国范围流通，优化算力供需结构。2023 年 4 月，工业和信息化部等八部门发布《关于推进 IPv6 技术演进和应用创新发展的实施意见》，提出到 2025 年年底，IPv6 技术演进和应用创新取得显著成效等目标，并通过构建 IPv6 演进技术体系、深化"IPv6+"行业融合应用等途径推动目标实现。

各地方政府积极响应党中央、国务院及国家部委的政策导向与要求，全面提升地区信息化、数字化建设水平，并制定了相应的网络发展政策。东部地区在推动千兆光网、5G、IPv6/IPv6+ 发展的同时，强化创新性场景建设，推动新型网络技术超前布局。北京市于 2021 年 7 月发布《北京市关于加快建设全球数字经济标杆城市的实施方案》，提出加快推进"双千兆"计划，实现千兆入户和 5G 全覆盖。规划建设支撑数字原生的专用网络和边缘算力体系，建成新一代数字集群专网、高可靠低时延车联网、工业互联网、卫星互联网等。同时，超前布局 6G 网络。上海市于 2022 年 11 月发布《上海市千兆光网建设应用"光耀申城"行动计划》，锚定千兆光网提出"四领先"战略目标，从千兆光网基础设施、千兆光网用户体验、千兆光网产业延伸及千兆光网质量评价体系等不同维度制定了相应的战略目标。2023 年 2 月，上海市进一步发布《上海市信息通信行业加强集成创新持续优化营商环境二十条》，提出深化"双千兆"城市建设，持续改善临港和虹桥国际互联网数据专用通道的平均访问时延和丢包率性能，总体网络性能达到全球先进水平。山东省于 2022 年 7 月发布《山东一体化算力网络建设行动方案（2022—2025 年）》，提出到 2025 年，初步建成基于光交叉连接（Optical Cross-Connect，OXC）的算力高速互联和基于 OTN 的企业高效入算的运力网络，省级、市级中心算力节点均支持 IPv6+ 灵活调度。2023 年 5 月，山东省进一步发布《山东省推进 IPv6 技术演进和应用创新发展三年行动计划（2023—2025 年）》，这是我国首个省级 IPv6+ 政策，对于推动省内 IPv6+ 项目应用部署具有重要指导作用。

西部地区持续强化"双千兆"区域覆盖能力，并推动 IPv6+ 发展。四川省于 2022 年 1 月发布《关于加快发展新经济培育壮大新动能的实施意见》，提出开展第五代移动通信技术和光纤超宽带"双千兆"网络规模化部署。贵州省于 2022 年 10 月发布《贵州省新型基础设施建设三年行动方案（2022—2024 年）》，提出推动算力枢纽节点进入基础运营商网络架构核心层。推进 5G 网络建设，支持有条件的市（州）适时开展 10G 无源光网络等更高速率接入技术试点。宁夏回族自治区在《宁夏回族自治区数字政府建设行动计划（2021 年—2023 年）》中提出构建全栈支持 IPv6、云网融合、运行高效、弹性调度的新型电子政务网络体系。广西壮族自治区于 2022 年 9 月发布的《中国—东盟信息港算力网络建设行动计划（2022—2025 年）》、青海省于 2023 年 1 月发布的《绿色零碳算力网络建设行动计划（2023—2025 年）》、湖北省于 2023 年 3 月发布的《湖北信息通信业全力打造全国数字经济发展高地"登峰行动"计划（2023—2025 年）》，都提出到 2025 年，初步建成基于 OXC 的算力高速互联和基于 OTN 的企业高效入算的运力网络，省级、市级中心算力节点均支持 IPv6+ 灵活调度。

5.2 产业分析

5.2.1 国外厂商加速推动网络运力创新升级

国外电信运营商与通信设备厂商在网络设备、传输技术方面开展了多项创新，全面提高网络的灵活性、安全性、覆盖范围及泛在接入能力。在骨干网方面，美国目前拥有包括 AT&T、Verizon、T-Mobile、Sprint、UUNet、Qwest 等在内的一级互联网服务提供商，负责美国国内骨干网的建设，同时，美国较为注重军事领域数字骨干网的建设。欧洲相关国家的电信运营商（例如，西班牙 Orange、挪威 Broadnet、俄罗斯 Megafon 等）主要与华为公司合作，开展本国骨干网建设。在城域网方面，2022 年 4 月，英国电信联合日本东芝宣布，正式启动英国首个商用量子安全城域网实验测试，基于量子安全城域网的基础设施，用户可以通过标准光纤链路使用量子密钥分发服务，在多个物理位置间实现有价值的数据和信息传输保护。在无线传输方面，2023 年 2 月，西班牙电信与爱立信、高通公司联合推出西班牙首个商用 5G 毫米波网络，主要用于固定无线接入、数字化、工业 4.0 和车联网等领域，提供更高性能和更大覆盖范围，并实现全新的应用案例。

5.2.2 我国厂商协同推动网络运力高速发展

与发达国家相比，虽然我国互联网发展起步晚，但得益于多重网络政策指引及网络用户快速增长，我国网络运力总体发展速度较快，建成了世界上规模最大的信息通信网络。根据工业和信息化部发布的 2023 年上半年通信业经济运行情况统计数据，截至 2023 年 6 月，全国光缆线路总长度达到 6196 万千米，比 2022 年年末净增 238.1 万千米。10G-PON 端口数超 2000 万个，全国互联网宽带接入端口数量达 11.1 亿个，比 2022 年年末净增 3457 万个。其中，光纤接入（FTTH/O）端口 10.6 亿个，比 2022 年年末净增 3855 万个，占互联网宽带接入端口的 96.2%。5G 网络建设稳步推进，移动电话基站总数达 1129 万个，比 2022 年年末净增 45.2 万个。其中，5G 基站总数达 293.7 万个，占移动基站总数的 26%。

在整个网络运力体系中，用户主要通过骨干网、城域网接入算力设施，并在算力设施内部实现业务处理，因此网络运力的发展水平可以体现为骨干网、城域网及数据中心内网络的发展水平。

在运力网络架构层面，中国移动于 2022 年 7 月发布《算力网络技术白皮书》，提出算网深度融合、超低时延确定性网络、安全能力内生、端到端绿色低碳等十大网络发展方向；2023 年 6 月发布《"九州"算力光网目标网架构白皮书》，提出光传送网作为连接用户、数据和算力的桥梁，需要与算力深度融合。以算为核、以光为基，可充分发挥光传送网优势，形成算光一体化新型基础设施，为用户提供低时延、高可靠、强体验的端到端差异化光连接。同时，发布的《中国移动 IPv6 单栈演进倡议书》提出了"1234"演进策略，向业界倡议全面推进 IPv6 单栈部署。中国电信发布《中国电信全光网 2.0 技术白皮书》，提出打造一张泛在全覆盖的架构扁平化、网络全光化和运营智慧化的绿色全光网络，通过全光传输、全光交换、全光接入等全光技术创新，持续为信息通信基础设施夯实带宽基础。中国联通发布《算力网络架构与技术体系白皮书》，提出 SRv6 灵活编程、算力资源信息感知、确定性网络、数据中心无损网络是算力网络发展的关键技术。同时，中国联通发布《算力时代的全光底座白皮书》，定义了算力时代全光底座的关键特征，包括全光传送，超低时延；全光锚点，泛在光接入；智能敏捷，算网协同；绿色超宽，架构稳定等方面，并从全光城市、全光枢纽、"东数西算" 3 个维度分别给出了全光底座的技术演进、架构布局和应用场景创新的方向。开放数据中心委员会（ODCC）长期关注运力网络研究，于 2022 年 11 月发布《光网络实时性数据采集规范白皮书》，从采集点、采集方法、语义、协议 4 个层面对光网络数据采集过程进行规范，全面提升光网络运维能力。

在骨干网层面，为了更好地应对"东数西算"等长距离传输场景，电信运营商积极开展长距离 400G 传输试验，IP 骨干网随流检测、体验保障、弹性运力高吞吐、安全可信试验。在长距离 400G 传输方面，中国电信和中国移动在 2022 年均开启了 G.654.E 超高速骨干网项目，G.654.E 干线光缆开始规模建设；中国电信在上海—广州现网 400G PM-16QAM，1900km 传输试验的基础上，于 2022 年 8 月进一步完成 400GE IP 长途链路试点。2022 年 9 月，中国移动开展宁波—贵阳现网 400G QPSK，3000km 极限传输试验。在骨干网随流检测、体验保障方面，2022 年 5 月河南移动部署随流检测，2022 年 10 月，福建移动部署业务体验保障，在降低互联网用户访问时延方面效果明显。在弹性运力高吞吐方面，2021 年江苏移动试点 400GE IP 骨干网，2023 年 7 月江苏—内蒙古开展弹性 IP 运力高吞吐试点。在安全可信方面，2022 年 12 月中国联通开展骨干网抗 DDoS 快速响应，秒级防护试点。

在城域网层面，电信运营商与设备厂商加强合作，全面提升城域网敏捷弹性、智能高效、安全可靠等性能，提高业务的承载能力。城域网更多面向连接算力网络的最终客户，在很大程度上影响了用户对带宽、时延、网络可用率和接入便捷性等方面的性能体验，因此城域网建设面临成本、业务调度灵活性和运维复杂性 3 个方面挑战。为了更好地提高城域网服务保障能力，中国移动从技术架构、长期演进、网络自动化、算网协同 4 个维度出发，提出全新一代城域网 STAR OTN 技术架构，以提高城域网资源共享能力，降低建网成本，支持城域全业务承载长期演进，实现光层灵活配置。同时，中国移动面向算力使用场景，积极开展各项运力网络试点：在 toB 场景，开展"数据快递"弹性网络服务试点；在 toC/toH 场景，开展云手机、云计算机、云游戏业务保障试点，验证了运力网络通过应用识别、SRv6/G-SRv6 低时延选路、网络切片等新技术部署，具备差异化服务能力。中国电信以云网融合为基础，加快打造新型城域网，通过全光网扁平化架构将城域 WDM 网络和政企 OTN 稳定覆盖到城域边缘层的综合业务接入节点，实现对移动、家庭宽带、政企、入云／云间等业务的融合承载。通过引入 FlexE、SRv6、EVPN 等技术，实现服务差异化、服务等级协议（Service Level Agreement，SLA）可保障及业务快速灵活部署。中国联通发布《池化波分打造城域全光底座白皮书》，以全新的城域池化波分解决方案，实现最佳的城域 ROADM+OTN 全光业务网底座，结合已完成的基于 ROADM/OXC+OTN 的全光骨干网，构建统一的端到端全光运力网络。另外，中国联通也提出设计"网络结构简化、网络协议简化、网络控制和网络智能管理化"的面向 5G 业务为主的融合承载的新型智能城域网，新型智能城域网采用 SR/EVPN 协议、SR 转发设备等多种技术实现流量灵活规划和扩容，以及业务的灵活布放，目前已完成对 5G、家庭宽带、政企、核心网等业务的综合承载测试。广东联通于 2021 年至 2023 年持续开展 SRv6 安全业务链 + 安全资源池的云网安一体试点。

在数据中心内部网络方面，中国信息通信研究院联合华为、中国电信等企业共同开展无损以太网研究，全面提升数据中心内部网络传输性能。从业务层面划分，数据中心内部网络可以分为计算网络、存储网络和前端网络，其中，前端网络主要以 IP 以太网技术为主，存储网络以 FC 技术为主，计算网络以 IB 技术为主。随着数据中心承载业务的提升，数据中心内部网络流量快速增长，用户对业务的可靠性、时延等性能需求进一步提升。三网互不统一的网络架构使数据传输速率难以进一步增长，业界对三网合一的无损网络需求进一步提升。依托开放数据中心委员会（ODCC），中国信息通信研究院与华为、中国电信等企业共同开展无损网络项目立项和研究，形成了完整的无损网络理论研究、应用落地方案和测试评估方法，发布了《无损网络技术白皮书》《数据中心智能无损网络白皮书》《超融合数据中心网络无损以太场景等级测评规范》等多项成果，全面推动数据中心网络向零丢包、低时延、高吞吐的极致性能演进。2022 年 12 月，在 2022 CCF 全国高性能计算学术年会上，中国信息通信研究院联合华为共同发布《数据中心超融合以太技术白皮书》，对数据中心超融合无损以太网代际演进规律及关键技术进行了系统总结，数据中心无损网络的发展应用显著提升了网络拥塞控制水平和高速可靠传输能力，受到了业界的广泛认可。

第三部分

技术篇

6 算力技术

随着企业数字化转型进程的推进，各行各业的差异化算力需求不断产生，适配不同需求的算力也在持续迭代。通用算力主要依靠 CPU 芯片提供计算能力，智能算力主要依靠 AI 芯片等提供人工智能所需的推理和训练算力，超级计算机提供高性能计算能力，量子计算则日益成为算力产业发展的新方向。不同类型算力及其相关技术构成了当前多元化的算力体系。

6.1 算力需求助力计算芯片迭代加快

产业数字化转型背后的算力需求不断增大，对计算芯片提出了更专业的要求，推动了数据处理单元（Data Processing Unit，DPU）芯片的发展。除了 CPU 和 GPU 外，DPU 在各个场景中得到广泛应用，例如自动驾驶、视频监控和智能家居。此外，DPU 芯片在数据加速处理和云端资源管理方面也具有明显优势。英伟达、英特尔等芯片厂商以及亚马逊、阿里云等云服务商等都已推出自研的 DPU 产品。DPU 芯片应用领域如图 6-1 所示。

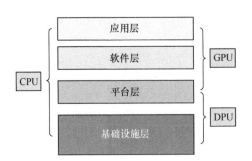

图 6-1 DPU 芯片应用领域

计算芯片作为算力发展的核心，将在算力需求的带动下，不断向前发展，朝着小型化、高性能和智能化加快迭代。

6.2 新型算力中心的研发突破

新型算力中心的创新主要体现在硬件体系架构和软硬件协同两个方面。在硬件体系架构方面，从以 CPU 为中心向多擎分立等新体系探索，包括控制芯片及专用加速芯片的组合。在软硬件协同方面，通过跨域统一与调配实现多样异构算力的统一管理。

6.3 算网融合与先进算力的适配加深

算网融合是以通信网络设施与异构计算设施融合发展为基石，将数据、计算与网络等多种资源进行统一编排管控，实现网络融合、算力融合、数据融合、运维融合、智能融合及服务融合的一种新趋势和新业态。

在算网融合与先进算力的适配过程中，"云－边－端"泛在计算架构与不同应用场景适配成为关键。通过"云－边－端"构建立体泛在的计算架构，融合网络技术，形成新型算力网络体系。随着深化协同，边缘计算与其他设备协同完善，综合了云计算、边缘计算、AI 计算、类脑计算、量子计算的等异构计算技术难以在技术架构和服务方式方面实现能力统一，因此智能化算力连接成为融合差异化计算能力的唯一方法。因此，充分发挥算力连接的使能效应，统筹云、网、边、端于一体的新一代计算技术——算网融合——得到了业界的高度认同。

6.4 异构计算成为算力发展新方向

随着人工智能、物联网、虚拟现实等领域的不断发展，异构计算技术正在逐渐崭露头角。异构计算利用多种不同类型的处理器或计算设备进行任务计算，选择最适配的设备以提高系统的效率和性能，从而有助于解决"内存墙"瓶颈问题。在之后的技术探索过程中，基于异构计算技术的新型应用场景（例如，自动驾驶、智慧城市、医疗健康等）将会不断涌现。异构计算关联逻辑示意如图 6-2 所示。

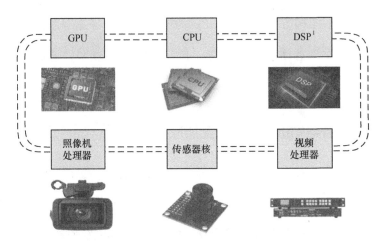

注 1. DSP（Digital Signal Processor，数字信号处理器）。

图 6-2　异构计算关联逻辑示意

未来，异构计算作为一种新型的计算模式，将会带来更多的技术成果和应用价值，并引领算力发展新方向。

6.5　量子计算的商业化技术突破仍需时日

量子计算的探索除了政策、产业、市场外，还需要考虑成本因素。一是与量子计算相关的技术人才匮乏及匹配成本高。超导量子计算机是一套非常复杂的机器，能够操作的专业人员较少，在人力成本方面处于不可控状态。另外，量子计算的生态部分也存在上下游匹配少、雇佣相关人才成本高的问题。二是能够发挥量子计算优势的算法较少且开发成本高。国内目前量子计算技术路线呈现百花齐放的态势，但是能够使量子态稳定并且充分发挥的算法还比较少，能解决的实际问题有限。三是量子计算容错率低、纠错成本高。量子态非常脆弱，要实现容错的量子计算需要足够的操控精度以及大量冗余的量子比特进行纠错，同时量子芯片需要的低温环境以及配套的测控设备价格不菲。

7 存力技术

7.1 闪存技术加速演进，推动全场景闪存化

SSD 介质向存储高密度方向发展，加速替代 HDD 介质。数字经济的快速发展带来了数据的爆发式增长和对高价值数据的需求，应用对存储性能、功耗优化、单位容量的需求持续上升，推动 NAND Flash 继续向高密度方向演进。NAND Flash 存储密度和传输性能不断提升，单位存储效率得到优化。通过增加单位晶圆面积上产出的存储位元，提高 NAND Flash 的单位存储效率，在全球已量产的 NAND Flash 中，领先的堆叠层数从 128 层攀升至 176 层，2022 年年底，NAND Flash 已逐步迈入 200 层以上生产[1]规模。此外，NAND 结构的改良以及存储密度的提升，也使 SSD 的 I/O 性能和功耗不断得到优化。

数据中心存储加速向全场景闪存化、安全可靠的方向发展。集中式存储、分布式存储、超融合存储、备份存储、服务器存储等设备均已向全闪存化演进。同时随着编码算法、芯片卸载、大容量 / 高密度盘等新技术的成熟，闪存能够提供更安全高效的能力和更低的使用成本。

在安全可靠方面，企业级存储整机依托其软硬一体的形态，提供独立的数据存储服务能力，基于部件、架构、方案的 3 层高可靠设计以及数据存储原生安全，来确保企业数据不丢失和业务不中断，从而提供了比本地硬盘更强的数据持久化和数据可靠性能力。

1　来源：《全球半导体存储市场发展白皮书（2022）》。

7.2 AI 存储走向专业化，加快人工智能发展

随着 AI 大模型的爆发式增长和持续迭代，模型参数量已达到万亿至十万亿级别，数据类型也由文本单模态为主变为文本、图像、语音和视频多模态，这对于 AI 数据存储的需求会产生根本性的影响：第一，大模型走向多模态，筛选后的数据集达到数十到数百 TB 级；第二，大模型训练需要随机读取海量的小文件，快速保存模型数据集，所以数据存储需要提供 100M 级的 IOPS 和上百 Gbit/s 的带宽；第三，大模型数据集预处理和训练参数量规模导致计算处理能力出现瓶颈，部分数据处理能力可卸载至存储。

面对 AI 大模型带来的影响，AI 存储的主要发展趋势如下。

企业级存储大幅提升了 AI 大模型的数据存储效率和数据安全性，在 GPT-3（千亿级模型参数）之前，单个数据集在 TB 级以下，可以通过在计算节点上配置本地盘来存放数据集，跨计算节点之间的数据传输不会占用很多的训练时间，在这一阶段本地盘方案是 AI 存储的主流方式。在 GPT-3 之后，训练参数达到万亿级以上，数据量达到百 PB 以上，计算节点本地盘容量较小，难以存储大量的训练数据和模型参数。在扩展性层面，本地盘受计算节点影响，不可自主调整配置，扩容困难。在安全性层面，本地盘无容灾、备份和防勒索等功能，容易受到病毒、黑客攻击等威胁，数据的安全性无法得到保障。同时本地盘上的数据不能共享，在计算节点间需要来回传输，耗时耗力，管理复杂。而企业级存储，例如专业的全闪分布式存储可扩展至上百个节点，单集群存储容量可达数百 PB 以上，单个存储节点能达到数百万至上千万 IOPS，10 ~ 20Gbit/s 带宽，一般 10 ~ 20 个全闪存存储节点即可满足 AI 大模型的性能诉求，同时提供完善的数据保护机制和安全防护措施，数据可供多个计算节点同时共享访问，管理运维方便。因此，在大模型多模态 AI 场景，AI 存储趋向用专业化的企业级全闪

存存储替代本地盘存储。

数据处理能力卸载至存储成为 AI 存储的新方向，在 AI 训练框架中，读取完海量数据后还需要对数据进行数据增强、格式转换和数据传递等数据预处理，CPU 的峰值计算能力难以胜任该计算任务；而在 AI 训练阶段，AI 模型参数量快速扩大，大模型的参数增长已经超过了 GPU 内存的增长，内存成为 AI 训练的瓶颈。在数据预处理阶段，AI 存储基于 AI 任务 Pipeline 算力卸载和迁移、近存计算，释放了 CPU 资源，实现了端到端加速；而在 AI 训练阶段，通过存储内置的数据编织能力，把物理逻辑上散布的数据整合起来，实现全局视图化的数据调度和流动，以建立任务模型，设计多层调度机制，从而有效管理 AI 带来的海量数据，分担 GPU 负载，提升训练效率。

7.3　存算分离架构创新，提升数据应用效率

存算分离架构可以高效地服务于多样化的数据应用，主要包括数据中心维度的存算分离和应用场景维度的存算分离。

数据中心维度的存算分离通过资源解耦和池化共享，提升了资源的利用率和数据处理的效率。相较于传统架构，新型数据中心存算分离架构具备两个关键特征：一是资源解耦，CPU、GPU、内存、存储等组建为彼此独立的资源池；二是细粒度的处理分工，使数据处理等 CPU 不擅长的任务被 DPU 等专用数据处理器替代，以组建能效比最优的组合。未来，数据中心存算架构将以数据为中心进行构建，由专用数据处理器、Diskless 服务器、高通量网络、高存力密度的存储系统等灵活组成。数据存储、数据迁移、数据纠删码等数据操作将卸载到 DPU 等专用数据处理器上，不再由 CPU 负责；Diskless 架构将服务器本地盘拉远，构成 Diskless 服务器和远端存储系统，并通过远程内存池扩展本地内存，达到更细粒度的存算解耦，

提升了资源的利用率，减少了数据迁移；计算和存储间的网络协议扩展到CXL+NoF+IP[1]组合，CXL使网络时延降到亚微秒级，实现内存型介质池化，NoF实现闪存池化；采用高存力密度的存储系统作为持久化数据的底座，结合芯片、介质、盘框的深度协同和空间管理，通过大比例纠删码算法和场景化数据缩减技术提供更大的数据可用空间。

应用场景维度的存算分离促进关键应用韧性提升。新应用对数据的可靠性诉求凸显，存储资源需要灵活独立规划和维护。分布式数据库是企业核心应用改造的重要组件。在应用初期，分布式数据库采用存储和计算耦合的IT架构，降低了早期创新的门槛，但其弊端是造成了资源浪费，计算资源或存储资源任何一个出现不足都需要同时扩容。随着存储技术的成熟，分布式数据库纷纷走向存算分离架构，将数据库实例运行在服务器上，数据则保存到企业级存储中。至此存储空间可以不受服务器槽位约束自由扩展，服务器资源也不需要随存储空间同步扩展，可节约1/3以上的计算资源，企业级存储也为数据带来了可靠保障，减少了数据冗余带来的资源浪费及数据副本同步导致的性能损失；同时，如果采用企业级闪存存储和NoF高性能网络，可以大幅提升数据访问性能；而引入分布式数据库，则可以大幅提升数据的可靠性。

大数据是企业决策的关键支撑手段，以往大数据应用采用服务器本地存储的架构，随着数据处理规模从TB级向百PB级演进，其资源利用率低、建设成本高的缺点也暴露了出来。因此，金融、电信等企业用户开始基于企业级存储进行大数据应用架构创新，通过存储和计算分离架构替代原有本地

---

1 CXL（Compute Express Link）是一种用于处理器、内存扩展和加速器的高速缓存一致性互联协议，为一种全新的互联技术标准，能够让CPU、GPU、FPGA以及其他加速器之间实现高速高效的互联，使网络时延降低到亚微秒级，实现内存型介质池化；NoF（NVMe over Fabric）为NVMe（Non-Volatile Memory express）接口技术提供承载网络，更加适配闪存介质，实现闪存池化；IP（Internet Protocol）满足HDD等慢速介质访问诉求。

存储架构。面向大数据等应用场景，存储提供多样化数据应用的加速引擎，实现应用加速，传统 Hadoop 大数据平台数据访问时延为百微秒级，数据分析时延达到天级，通过构建分布式的存储高速缓存，将应用算子下推至存储，数据访问时延可降至 10 微秒，大数据分析效率可缩短至分钟级。

8 运力技术

8.1 热点技术

当前，企业数字化转型发展如火如荼，算力需求将呈爆发式增长，作为用户端和算力中心的连接纽带，确定性高品质的运力网络连接能给算力用户带来极致体验。加速构建泛在、智能、敏捷、感知的算力网络，打造算力服务"即取即用"的运力网络，充分释放算力服务无限潜力，将助力数字经济高质量发展。

运力网络由算力设施内网络、算力设施间网络和用户入算网络 3 个部分组成，3 个部分网络相互配合，共同承担网络运力。网络运力构成如图 8-1 所示。

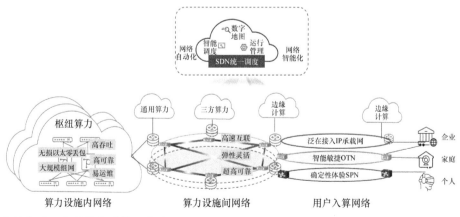

资料来源：中国信息通信研究院

图 8-1　网络运力构成

8.1.1　算力设施内网络

　　算力设施内网络是运力网络的源头，保障数据在不同计算、存储节点间高效流通。随着用户对服务时延、可靠性等要求的提升，算力设施内网络也在不断升级。有研究表明，在大规模计算中，网络丢包将对数据吞吐产生重要影响，万分之一丢包会使数据吞吐量下降 10%，千分之一丢包会使数据吞吐量下降 30%，而数据吞吐量在很大程度上决定了计算的效率。为了确保数据在众多节点间高速可靠传输，形成了超融合无损以太网和 AI 集群网络技术，为通用场景及 AI 计算场景提供了高速可靠、智能无损的高质量运力保障。

　　（1）多样算力——无损以太网保障算力可靠调度

　　随着计算芯片及存储设备性能的快速提升，数据中心网络的性能瓶颈逐渐暴露出来，传统的 TCP/IP 软硬件架构及应用存在网络传输和数据处理时延过大、存在多次数据复制和中断处理、复杂的 TCP/IP 处理等问题。远程直接内存访问（Remote Direct Memory Access，RDMA）是一种为解决网络传输中服务器端数据处理时延而产生的技术。RDMA 消除了传输过程中多次数据复制和文本交换的操作，降低了 CPU 的负载。

　　目前支持 RDMA 的网络协议主要有两种，分别是无限带宽（Infini Band，IB）和基于融合以太网的 RDMA（RDMA over Converged Ethernet，RoCE）。其中，IB 属于原生支持 RDMA 的方法，但是网络建设费用较高，难以适应市场需求；RoCE 是一种基于以太网的 RDMA 方案，属于非原生支持，需要进行相关的配置才能支持 RDMA，例如，需要使用支持 RoCE 的网卡，需要交换机、服务器支持无损配置等。目前，RoCE 协议主要有 RoCE v1 和 RoCE v2，其中，RoCE v1 基于以太网承载 RDMA，只能部署于 2 层网络；而 RoCE v2 基于 UDP/IP 承载 RDMA，可以部署于 3 层网络。基于 RoCE 进行数据传输可能因为阻塞造成丢包，因此需要构建无损网络保障 RoCE 协议在数据的传输过程中实现可靠传输。

　　建设无损网络的目标是将原先粗犷无序的网络转变为可控有序，使数据中心网络变得更细致、更系统、更均衡、更公平，超融合无损以太网是在以往无损网络研究的基础上形成的总结性无损以太网概念。在数据中心超融合以太网中，数据中心的计算、存储和前端网络的分散架构被打破，实现从 3 张网到 1 张以太网的融合部署。在技术方面，网络负载均衡算法、端网协同拥塞控制、分布式数据库、SLA 等技术应用将保障数据中心超融合以太网零丢包、低时延、高吞吐等极致性能的发挥。数据中心网络代际演进如图 8-2 所示。

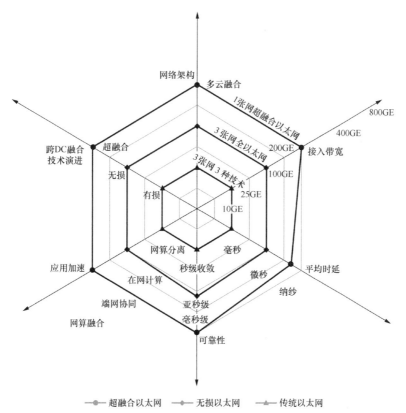

资料来源：《数据中心超融合以太技术白皮书》

图 8-2　数据中心网络代际演进

（2）人工智能算力——AI 集群网络提升训练算力的调度效率

在 AI 集群训练的过程中，参数通过高速互联网络在不同的服务器间进行同步交互，这些通信流量具有共同特征：流量呈周期性、流数量少、流量长连接、并行任务间有强实时同步性的要求，通信效率取决于最慢的节点，并且在 AI 集群的训练场景下，传输的数据量较大。上述的流量特征导致网络比较容易出现负载分担不均、整网吞吐下降的问题，从而影响 AI 集群训练的性能，AI 集群网络技术主要包括高吞吐、大规模组网、高可靠和易运维等。

① 高吞吐。网络级负载均衡技术保障集群内部高吞吐。大模型的超大数据量传输需求，将物理带宽从 100Gbit/s/200Gbit/s 提升到 400Gbit/s/800Gbit/s，在高带宽的基础上想要实现网络高吞吐，需要通过负载均衡实现整体带宽利用率（有效吞吐）的提升。当前网络均衡的主流技术有逐流等价多路径路由（Equal-Cost Multi-Path routing, ECMP）负载均衡、基于子流均衡和逐包负载均衡 3 种，但它们都存在一定的问题：逐流 ECMP 负载均衡技术是指当流数量较少时，例如，在 AI 训练的场景下，存在哈希冲突问题，网络均衡效果不佳；基于子流均衡技术依赖于子流之间时间间隔无法准确配置，导致难以实现负载均衡；逐包负载均衡技术从理论上讲均衡度最好，但实际在接收端则存在大量的乱序问题，现实中几乎无使用案例。

创新的网络均衡技术是面向 AI 训练场景量身打造的，根据该场景下的流量特征，将搜集到的整网信息作为创新的算路算法输入，从而得到最优的流量转发路径，实现 AI 训练场景下整网流量负载的均衡。AI 智算中心网络级负载均衡如图 8-3 所示。

② 大规模组网。创新网络拓扑支撑算力集群规模扩展。大规模参数网络要从芯片、网元、组网架构 3 层立体创新入手。下面介绍业界主要两个方面的创新。

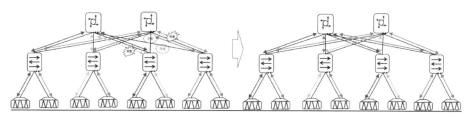

资料来源：中国信息通信研究院

图 8-3　AI 智算中心网络级负载均衡

创新一：在胖树架构基础上做大网元容量，容量越大所需的网络层次越少，网络层次越少成本越低。胖树组网架构示意如图 8-4 所示。

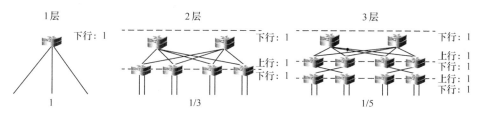

资料来源：中国信息通信研究院

图 8-4　胖树组网架构示意

一般通过有效带宽率衡量成本，有效带宽率的计算方法如下：

有效带宽率 = 接入带宽 ÷ 芯片总带宽

以图 8-4 为例，当只有 1 层时，全部带宽都可以用来做接入，因此有效带宽率为 1；但是有 3 层时，假设一个网元带宽为 4，则总带宽为 40，接入为 8，则有效带宽率为 8÷40=0.25。

创新二：多轨网络架构，为同号卡构建独立网络平面，实现整网规模的 X 倍增。多轨组网架构示意如图 8-5 所示。

根据 AI 训练网络的通信特点，模型通信聚合在同一轨道内（不同服务器的同号 GPU 为同一轨道），此时一台插有 8 个 GPU 或 NPU 训练卡的训练服务器可以接入 8 个轨道平面，每个轨道可以为单层、两层网络，轨道间仅需要少量链路做备份。通过多轨架构可以在单网元容量不变的情况下将组网规模提升 8 倍。同轨平面内一跳转发,实现基于信元交换的绝对负载均衡。

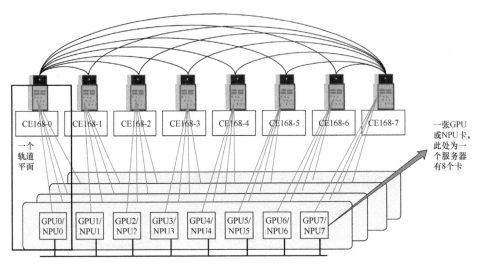

资料来源:中国信息通信研究院

图 8-5　多轨组网架构示意

③ 高可靠。毫秒级故障收敛技术提供高可靠网络,保障算力运行不间断。AI 场景里每次主机间通信任务时间在毫秒级,如果靠传统的路由收敛方式,通过感知端口状态、路由收敛、转发路径切换等操作收敛时间在秒级,中断多轮 AI 主机通信,极大地影响了 AI 的效率。新型数据中心网络通过数据面快速收敛技术,提供基于数据面的本地快速收敛或远程快速收敛能力,包含故障快速感知、故障本地快速收敛、故障通告生成、接收和中继处理、故障远程快速收敛和表项老化处理,实现故障毫秒级收敛,训练任务无感知。

④ 易运维。即插即用、状态可视化监控为算力设施快速部署与维护提供可靠保障。要做到 AI 集群网络易运维,首先要实现算力设施的即插即用,通过端网协同完成网络配置的自动化生成和自动化下发,端到端自动化部署,实现算力设施快速投产。其次,可以采用毫秒级的网络性能测量、网络与计算协同的集合通信性能测量,可支持业务可视化、质差分析与故障

定界。

在 AI 集群训练的过程中，需要进行任务间强实时性同步，通信效率取决于最慢的节点，因此一旦有节点出现故障将导致部分节点变慢或无法完成任务，将拖慢整体任务或导致任务失败。因此，要实现算力充分利用高效运行，需要快速定位找出故障节点，减少故障节点对整体算力的影响，拉低算力集群的整体计算效率。

通过网络与计算集群联动，实时监控网络的状态，快速定位网络异常，并联合集群计算运维平台统一调度，实现网络故障快速业务闭环。

8.1.2　算力设施间网络

算力设施间网络是运力网络的骨干部分，为算力业务提供高速、弹性、灵活和高可靠的数据运输服务。

（1）高速互联

运力网络在算力布局中起到至关重要的作用，必须加强节点间高速互联，构建全国一体化算力服务体系，更好地支撑数字中国建设和经济社会转型。

① 单波 400Gbit/s 和 C120@50GHz+L120@50GHz 超宽频谱。单波 400Gbit/s 和 C120@50GHz+L120@50GHz 超宽频谱资源使能算间超大容量传输运力。随着企业数字化转型的加速，以及"东数西算"工程的加快建设，数据中心间的数据调度快速增长，对运力网络的带宽提出了更高的诉求，需要运力网络向更大带宽的方向演进，全光运力网络可以从两个维度提升单纤系统的容量。一是提升单通道带宽，采用提升单通道带宽的技术支撑流量的快速增长、更低的传输功耗，适时推动向 400Gbit/s 光传输设备演进。工业和信息化部印发的《"双千兆"网络协同发展行动计划（2021—2023 年）》的通知，也明确指出提升骨干网传输能力，推动基础电信企业持续扩容骨

干传输网络，按需部署骨干网 200Gbit/s/400Gbit/s 超高速、超大容量传输系统，提升骨干网传输网络综合承载能力。二是扩展传输频谱，传统的 OTN 采用 C 波段，其频谱资源仅为 4THz，引入 C120@50GHz + L120@50GHz 方案后，频谱资源可以达到 12THz，大幅提升频谱资源。结合单通道速率提升和增加可用频谱资源，整体实现单纤容量的翻番，后续结合正在逐步推进的单波 800Gbit/s 解决方案，单纤可以实现近百 Tbit/s 的传输容量。C120@50GHz+L120@50GHz 光传输频谱资源如图 8-6 所示。

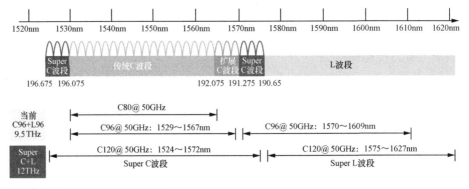

资料来源：中国信息通信研究院

图 8-6　C120@50GHz+L120@50GHz 光传输频谱资源

② IP 以太网 400GE/800GE 技术。目前，400GE 进入技术成熟期，已在运营商和企业网络规模部署，数据中心大带宽平面已经普遍采用 400GE；国内外多个标准化组织正在开展 800Gbit/s 光模块的技术路线探索和方案标准制定工作。基于光侧 8×100Gbit/s 技术标准 IEEE 802.3df，行业陆续推出 800Gbit/s 第一代产品。基于光侧 4×200Gbit/s 技术标准 IEEE 802.3dj，尚在研究中，预计 2025 年发布。算力设施间业务具有单流流量大、业务突发性强、流量流向复杂的特点，除需要大带宽外，还需要大缓存设备抗流量突发，以提高算间运力网络的吞吐率，提升业务访问的体验。

（2）弹性灵活

全国一体化算力体系需要对全国的算力资源池化管理，需要借助运力网络的灵活调度能力来实现算力资源的灵活调度，而运力网络常见的灵活调度技术包括 SRv6 网络可编程技术和 OXC 灵活调度技术。

① SRv6 网络可编程技术。运力网络需要提供各算力中心间多点到多点的实时连接，为不同的计算资源提供动态、敏捷、按需的连接路径，从而满足企业用户多种算力的灵活调度、即取即用的需求。

SRv6 基于 IGP 和源路由技术实现了网络可编程，通过对 Segment ID 的编排可以实现类似于计算机指令的功能。网络可编程只依赖于业务报文头中段路由扩展报文头（Segment Routing Header，SRH）携带的 Segment ID List 即可实现转发面路径控制，网络中间节点不感知路径状态，可以支持无线连接和超大规模的网络。SRv6 还需要网络数字地图技术来解决路径自动规划的问题。网络数字地图通过网络全息可视和多因子算路能力，为用户提供交通地图导航式体验。

网络全息可视化实现了多厂商网络设备物理资源、切片、隧道、路由、VPN 业务和应用的 6 层互视，形成一张网络全息图。多因子算路是在这张全息图上规划路径算法，算路因子包括带宽、时延、跳数、丢包率、误码率、可用度、切片、亲和属性、显式路径、双向共路等。多因子可以任意组合，以满足各类差异化的业务诉求。

② OXC 灵活调度技术。运力网络能力和业务需求已达到单波 200Gbit/s/400Gbit/s，且算力调度业务增长较快，传输时延要求更短，并且在大容量、多方向的物理调度节点，传统网络存在设备叠加、功耗高、时延高的问题，OXC 是一种实现光信号无阻塞调度的"数字化立交"技术，类似于交通网中的"立交桥"，可以实现光信号的任意方向调度。

与传统"红绿灯十字路口"式的手动光业务调度方式相比，OXC 在调度、维护效率、业务扩展、用户体验感知等方面都有巨大的提升空间，这些都是未来运力网络的关键特性，在算力网络底座中起着不可替代的作用。

引入 OXC 灵活调度技术后，可以实现全光运力网络无阻塞调度，减少光电转换，实现算力节点间一跳直达。随着业务的发展，结合未来业务灵活多变的特征，OXC 在运力网络中将会得到更广泛的应用。

（3）高可靠

一体化算力体系内算力间的协同，需要算力间数据传输具有超高可靠性，基于 Mesh 化的引入自动交换光网络（Automatically Switched Optical Network，ASON）技术和 SRv6 EVPN 高可靠技术可以支撑构建超高可靠的运力网络，保证用户的体验。

① 基于 Mesh 化的 ASON 技术。随着 AI、高性能计算（High Performance Computing，HPC）等业务的兴起，算力节点间的大数据高可靠传输将变得更普遍，传统链形组网、环状组网等方式和传统的保护方式都难以满足算力间调度高可靠性的诉求，针对网络架构需要逐步演进到 Mesh 化、立体化的组网方式，增加算力枢纽的出局方向，提升算力间的多路径互联。

ASON 技术能够实现网络资源动态分配和创建、运力网络快速感知物理网络故障信息，以及发生故障时自动选择业务路径、快速恢复业务，从而抵抗网络多次断纤。尤其是光电协同的 ASON，通过光层和电层资源的协同，实现光层（节省资源）和电层 ASON（恢复速度快）的优势互补，进一步提升运力网络的健壮性，达到使用同等资源能提供更高业务可靠性的保护能力，构建智能化、高可靠的运力网络。光电 ASON 协同保护如图 8-7 所示。

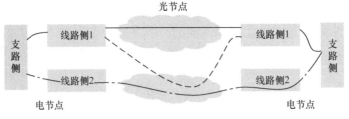

资料来源：中国信息通信研究院

图 8-7　光电 ASON 协同保护

② SRv6 EVPN 高可靠技术。该技术包括本地保护技术 SRv6 Ti-LFA（拓扑无关的无环路备份路径）以及 SRv6 TE FRR，其能够满足各种拓扑下单点故障 50ms 本地保护快速倒换。端到端 SRv6 隧道保护技术 SRv6 HotStandby，其能够通过预先计算部署两条主备隧道，当主隧道故障无法在 50ms 内完成倒换时，可以自动切换到备用隧道，主备隧道可以通过多因子算路确保不共路。针对 PE 头尾节点故障以及 PE 和云 GW 之间的故障，SRv6+EVPN 高可靠技术通过本地保护、隧道保护、业务保护三级保护机制，有效保障了运力网络在海量算间业务场景下的极致可靠性与业务体验的连续性。SRv6 EVPN 三级保护示意如图 8-8 所示。

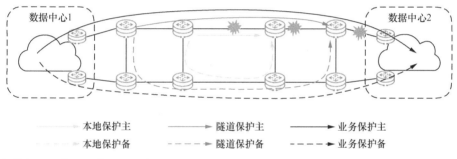

资料来源：中国信息通信研究院

图 8-8　SRv6 EVPN 三级保护示意

8.1.3　用户入算

（1）泛在接入

IP 承载网具有覆盖广、弹性好、开通快，支持 L3 多点互通的特点，能够更好地满足不同地区、不同行业用户快速便捷使用算力的需求。IP 承载网以 DC 为中心建设智能云网，以智能云网为骨干，以新型城域网、智能城域网、SPN 城域网等多网为接入，通过 3 层 EVPN+SRv6 技术实现一条专线接入多个云平台，一点入网、一跳入云、一线多云，入网即入云。为了满足算力业务多样化的 SLA 保障诉求，IP 承载网通过网络切片技术实现了不同行业、用户、应用的专属资源的确定性定制，从而保障业务的确定性体验。

终端用户算力需求的激增，需要加速高品质运力网络的广泛覆盖，使能企业便捷高效地获取算力服务，OTN 具备确定性大带宽、确定性低时延、确定可靠性、带宽随需调节等特性，可以灵活匹配用户的多样化需求，有效应对用户接入算力服务过程中遇到的各种不确定性挑战。通过加快 OTN 全光运力网络向综合业务节点及用户侧的延伸部署，可以实现运力网络全光锚点的广泛覆盖，支持用户就近便捷接入运力网络，加速 OTN 接入政务、金融、教育、医疗、电力等企业，助力用户快速开通高品质的入算通道，满足用户不断增长的算力需求，实现算力即取即用，支撑产业数字化进一步深化发展。全光运力网络架构如图 8-9 所示。

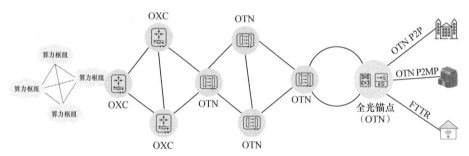

资料来源：中国信息通信研究院

图 8-9　全光运力网络架构

SPN 随 5G 移动承载建网，并持续强化末端覆盖，为用户提供无处不在的业务连接能力，满足差异化承载的入算需求。可支持集成 SPN 固定传输和 5G 无线传输的双模集成传输技术，为用户入算提供简洁、高效的连接通道，同时固定网络和无线网络的空天互备，大幅提升泛在入算的连接品质。

在计算和算力网络不断演进的背景下，园区广域接入和内网接入也通过新技术的引入适应网络的变化。SD-WAN 利用虚拟化和自动化技术，实现多样的链路灵活接入、自动选路，使得算力网络可以更加弹性地适应不同用户和应用的需求，可以更精准地分配和调度计算资源，从而提升广域互联的整体性能和资源利用效率。4K/8K 高清视频、VR/AR、视频会议等应用对高吞吐率、低时延诉求不断提升，Wi-Fi 7 通过 2.4GHz/5GHz/6GHz 多频段、高带宽、高阶调制等技术实现 30Gbit/s 的无线接入速率，多 AP 协同调度降低干扰，提升园区的接入体验。随着 Wi-Fi 的升级换代，有线侧也宜用多速率（MultiGE）交换机替代 GE 交换机，从而支持 GE/2.5GE/5GE/10GE 等档位光纤入室或接入桌面。通过网络切片实现不同等级业务的内网调度，保障高品质的园区入算网络。

（2）智能敏捷

智能敏捷技术包括 IP 网络应用感知、光业务单元（Optical Service Unit，OSU）灵活接入和网络服务化等技术。

① IP 网络应用感知。IP 网络应用感知功能是网络设备在集成分析报文三四层五元组的基础上，进一步深度分析数据报文的 4 ～ 7 层协议特征，从而识别出具体的应用技术。应用感知是算力网络提供精细化的算力调度与差异化体验保障的技术基础。

质差分析是在应用感知单元的应用识别能力的基础上，更深入地分析应用流量的网络质量数据。通过多维多粒度的指标数据计算模型，可以识别质差应用、质差用户和质差网元，从而指导算力网络进行合理调度，充分发挥算力网络的价值。

应用加速功能是算力网络提供确定性 SLA 服务的关键能力。网络设备在应用识别的技术基础上，对报文进行 APN 应用标记。APN6 采用 IPv6 拓展报文头空间携带应用信息，包括标识信息（APN ID）和应用对网络的需求信息（APN Parameters），通过 APN6 报文头中的应用信息，可以有效区分当前传输报文属于哪个应用，并识别当前应用流量对网络性能的需求，对于需要加速的应用，例如云游戏、云手机等业务需要的流量，网络设备将其调度到 SRv6 低时延路径，并通过网络切片保障带宽，消除拥塞，实现应用加速。

② OSU 灵活接入技术。OSU 创新解决方案是具备多样化、动态化、灵活化的多业务承载技术，使能用户智能敏捷入算。OSU 是下一代 OTN 技术的重大创新，能支持最小 2Mbit/s 颗粒的业务带宽接入，可以解决传统方案管道弹性不足、连接数少、带宽调整不灵活等问题，满足行业的多样化运力诉求，基于 OSU 的创新性技术，相较于传统的 OTN 技术，连接用户数量提升了百倍以上，大幅提升了运力网络的传送效率，支持随需无损动态带宽调整，满足了业务用户动态提速、业务无损的诉求，构筑了弹性敏捷的运力网络。面向算力灵活调度场景，OSU 创新解决方案全面提升了感知能力和调度能力，实现了业务流量到传输管道的自动映射，支撑用户按需动态切换算力资源。

具体来说，OSU 的感知能力包括 3 类：一是流量感知，感知业务流量，驱动传输链路侧带宽自动调整，提升整体网络传输链路利用率；二是品质感知，通过对时延、丢包率等指标端到端检测提升业务监测能力，简化网络运维，充分提升了企业数字化转型入算连接的体验；三是地址感知，通过感知业务地址实现业务到传输管道的自动映射，使用户到多个算力节点之间的管道连接更加灵活。

另外，结合全光算网管控技术构筑运力地图，通过多因子算路策略，在整体入算链路规划中，增加时延、可靠性、网络能效、算力资源等多个算网因子策略，全网规划最佳入算链路；全光算网管控技术支持光层电层协同规划，通过创建电层业务，自动驱动光层链路规划，实现自动规划入算业务，也使入算链路可以自动化创建。OSU 弹性带宽调整如图 8-10 所示。

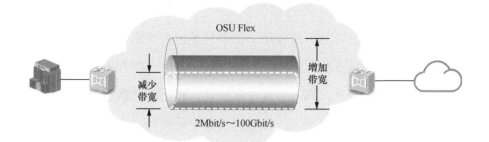

资料来源：中国信息通信研究院

图 8-10　OSU 弹性带宽调整

③网络服务化。网络服务化是算力网络的关键技术，该技术是将网络能力封装为服务能力，服务需求方无须了解网络配置的细节，直接通过服务化接口，快速订购开通运力服务。网络服务化提供南北向开放可编程能力，支持用户对算力网络进行灵活自定义编排，实现跨多厂商网络设备（例如交换机、防火墙、负载均衡等）统一管控。用户不需要具备专业的代码开发知识也可以快速完成网络编排，适配业务的快速变化。

其中，北向算力网络编排工作流基于 RESTful 接口，支持可视化编排、试运行、仿真、全流程回滚等工程能力；南向网络设备适配层以 YANG 模型驱动为基础，支持设备驱动可编程，实现 SDN 架构、传统架构、多云多厂商架构等算力网络的统一部署和仿真，实现复杂业务零断点编排，分钟级快速上线。同时，通过将传统运维中零散的网络配置操作编排成序，基于业务生成完整功能的工作流 API 可直接对接算力数据中心的生产运维系统，提供网络变更业务灵活自定义能力，可进一步缩短业务上线的时间，提升整体算力网络变更自动化效率及可靠性。

（3）确定性体验

确定性体验包括 OTN 确定性承载、业务体验测量、IP 时延算路和网络切片技术等。

① OTN 确定性承载。光传输技术是基于 L0/L1 的物理硬隔离、最低时延运力解决方案，低时延、低抖动、低丢包是运力网络至关重要的因素之一。另外，光传送网技术具备时延监测功能，结合 SDN 控制器可以全面监测运力网络的时延信息，综合全量时延信息，在运力网络全局资源中寻找端到端时延最短的业务路径，并在运行过程中针对运力网络进行实时时延监测与预警，通过周期性的网络时延自动扫描测量，实时监测端到端的时延数据，监测线路上的时延变化及异常信息，及时上报告警提示，并结合用户需求切换较低时延的保护线路，从而保证用户始终选择超低时延路径接入算力服务，使用户能获得算力服务本地化体验。全光运力时延地图如图 8-11 所示。

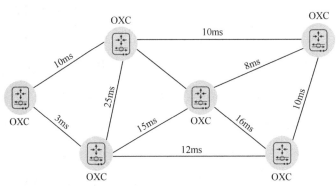

资料来源：中国信息通信研究院

图 8-11　全光运力时延地图

② 业务体验测量。业务体验测量是运营商构建 SLA 保障能力的基础。带内随流监测技术是一种对实际业务流进行特征标记（染色），并对特征字段进行丢包、时延测量的技术。其可以提供高精度的流质量可视和实时的网络故障告警（例如抖动、时延、丢包、误码和负载不均衡），支持端到端及逐跳网络性能可视化，提升性能劣化类故障的定界与定位效率。采用随流监测技术，可对网络性能进行长期、实时的监控，将网络运维由被动处理故障投诉，变为主动监控预防，从而降低用户的故障率，提升用户体验。

③ IP 时延算路。对于有低时延要求的业务，需要时延算路技术进行体验保障。网络管理控制系统通过时延算路为网络提供低时延平面，实现业务差异化承载。结合控制系统的智能调度能力，为低时延业务提供确定性的体验保障。除保障低时延业务体验外，时延算路还可以根据实际业务诉求，通过最大时延约束、时延区间约束等方式，为不同的业务提供不同时延等级的服务保障，以实现业务创新和商业变现。

④ 网络切片技术。网络切片技术是将一张物理网络划分为多张逻辑网络，逻辑网络之间资源互相隔离，业务互不干扰；不同的逻辑网络可以为不同行业提供定制化的网络拓扑和连接，提供差异化且可保证的服务质量。面向工业制造、能源、交通等行业，在使用算力时，对网络低时延、可靠性和稳定性要求极高的场景，利用切片技术提供高安全、高可靠、可预期的网络运力确定性能力。IP 网络切片如图 8-12 所示。

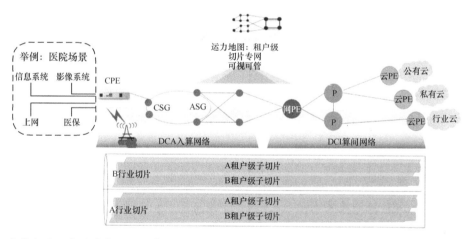

资料来源：中国信息通信研究院

图 8-12 IP 网络切片

8.1.4 通用技术

运力网络作为支撑算力高效运作的关键枢纽，需要从安全、运力地图和绿色低碳 3 个关键维度去实现关键能力，这同样离不开关键技术的支撑。实现网络端到端的安全、可视化和绿色，既是网络自身稳定、高效运行的必要条件，也是算力被充分释放的基石。

（1）安全

安全的网络应包括安全性、可信性和自主性 3 个方面要求：一是保护参与者的数据和计算资源不受非法访问、恶意攻击和被篡改；二是要提高网络的效率和可靠性，提供过程数据和结果数据的可追溯要求；三是要保证网络设备的核心芯片、基础软件及应用软件等关键部件具备自主能力。安全可信的热点技术包括以下 6 种。

① 零信任微分段技术。通过流量检测精细化控制和分析情况，进行协议分析与高级威胁的提示，有效阻断混杂在合法通信中的攻击报文和恶意流量，并保证关键业务正常运行，从而阻止攻击的扩散与破坏。

② 数据中心东西向安全访问隔离技术。通过将不同安全域的各个数据和资源进行隔离，保证各个数据和资源合法访问的安全性。采用高性能大容量安全策略和访问控制列表，并通过实施虚拟局域网、虚拟防火墙和虚拟隧道等技术，在虚拟网络层级上实现东西向流量的安全隔离。

③ 数据中心 API 安全关键技术。确保经过身份验证和授权的用户或应用程序能够安全地访问和操作数据中心的 API。通过基于令牌的身份验证和访问令牌管理、使用加密协议保证传输层安全、对输入数据进行验证和过滤、访问控制和权限管理、安全审计和监控、API 漏洞扫描和安全测试等技术，保护敏感数据免受未经授权的访问。

④ 安全资源池和 APN6 网安联动技术。通过安全资源灵活编排能力实现对用户访问算力中心和算力中心间的业务按需防护，威胁事件全网资源池同步与闭环处置，数据中心集群间协同安全防御。APN6 网安联动采集网络流信息和安全事件以及报文中 APN ID 标识单位信息，态势感知平台

大数据精准溯源到威胁源发生单位，近源阻断威胁流，防止威胁扩散。

⑤ 网络设备可信技术。网络设备在开发、发布、部署和运行全生命周期内构筑纵深防御内生安全能力，在保证业务功能的同时，防止设备被非法入侵，并针对异常行为及时进行检测和响应。主要的可信技术包含软件完整性保护、认证与鉴权机制、敏感数据机密性、攻击检测及韧性恢复等。

⑥ 交换/转发/光传输芯片自主创新。作为运力网络传输设备的核心芯片，交换/转发/光传输芯片自主设计制造是网络安全可信的基石，也是评判交换机、路由器、防火墙、Wi-Fi、OTN 等网络设备自主化能力的关键。当前国内产业链初步成熟，在芯片的自主创新方面，需要进一步提高大带宽、低时延的数据传输能力，提升芯片内外部数据通信的效率，支持各种 AI 算法和模型。同时，进一步强化硬件加密算法、身份认证和隐私保护策略应用，提高安全性和隐私保护的能力，全面推动网络芯片的自主创新。

（2）运力地图

运力地图作为运力网络的智慧管控系统的关键能力，把复杂的网络管理变得简单，能够实现运力路径导航、路况预测、定位搜索和全息可视。运力地图主要由四大技术作为支撑，具体包括：一是运力可视化，即用突破算法将以往不可见的隐藏的网络拓扑还原出来，做到全运力拓扑数据收集，实现一张图可视；二是运力体验圈，即精准感知运力网络的算力集群源和目标间的网络时延、吞吐和丢包等信息，可视化识别运力的质量体验，具备体验的准确分析和预测能力；三是运力导航，即具备导航智能计算的能力，利用一张图数据和体验圈数据，通过算法智能给出最优的运力路径，为算力提供快速、高效、高质量的运力服务；四是数字中台架构，即具备高性能采集、高性能数据处理、高性能数据存储和数据读取的中台架构能力，以支持运力地图上各种应用的算法和模型。

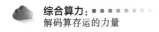
（3）绿色低碳

随着我国网络运力规模的扩大，网络能耗也在不断提升，绿色低碳成为网络运力高质量、可持续发展的内在要求。"东数西算"工程的实施将使我国网络运力的规模进一步扩大，而加速实现运力网络的绿色发展更是至关重要的。工业和信息化部等七部门印发的《信息通信行业绿色低碳发展行动计划（2022—2025 年）》中明确指出稳步推进网络全光化，鼓励采用新型超低损耗光纤，规模部署 200Gbit/s/400Gbit/s 光传输系统和 1Tbit/s 以上大容量、低功耗的网络设备，引导 100Gbit/s 及以上光传输系统向城域网下沉，减少光电转换的能耗，同时提出要提升网络基础设施的整体能效，绿色建设，绿色运营。

本书从设备级、网络级和运营级 3 个层面提供开展网络基础设施能效优化的措施。

① 设备级节能。在更高效率的整机散热等静态节能的基础上，集合动态节能特性，采用温备份、Slice 节能和动态调频等技术，基于网络流量特征降低设备在网实时运行的功耗。

② 网络级节能。通过全光运力底座的构建，打造绿色运力网络，其中全光站点是运力网络绿色发展的核心，通过全面部署 OXC 设备，实现运力网络端到端的全光交换，减少光电转换，大幅提升运力网络的能效；另外，通过引入 OSU 技术，提升网络资源的利用率，减少带宽浪费，提升网络的能效。同时，构建极简的 IP 网络架构，简化网络层数，减少串通流量，可以提升整个基础网络的能效。

③ 运营级节能。基于数字地图技术，能够精准识别闲置和高能耗的资源，采用一键休眠降能耗和基于 AI 技术的绿色最优策略下发技术，能够提供业务感知能力和供电动态调节能力，实现运力网络的绿色运营。

8.2 运力升级

8.2.1 弹性敏捷、安全可靠的网络

云计算在提高计算、存储效率的同时，对数据中心网络的性能也提出了新的要求，主要体现在以下 3 个方面。**一是网络应更加弹性，可动态管理。**云计算应用具有通用性特点，能够针对不同的应用提供算、存、运的资源，在数据中心发展过程中，计算、存储资源率先完成虚拟化部署，可提升算存的效率，但网络的瓶颈就显现出来了，因此，网络资源同样需要进行虚拟化部署，其可以根据业务需求动态变化。**二是网络应提供可靠性保障。**在云计算模式下，可进一步提升用户对算力资源的访问频率，用户与数据中心间的网络以及数据中心内部的网络流量快速增长，任何网络链路的故障都会对用户数据请求造成不良影响，降低用户的体验，因此需要提高网络的可靠性。**三是网络的安全性能应进一步提升。**在云计算场景下，数据中心承载用户业务进一步增长，单个物理服务器内运行着多个虚拟机或容器，对网络隔离提出了更高的要求，若无法进行有效隔离，则可能会导致各用户业务数据的彼此干扰，且单个虚拟机的故障可能会诱发多点故障。

8.2.2 高速泛在、高确定性的网络

随着人工智能等技术的蓬勃发展，海量数据需要在云端和边缘端之间快速传输和处理。只有拥有高速稳定的网络，才能确保数据的实时流动，使云端和边缘端可以无缝连接并进行高效的协同工作。这样的网络不仅需要具备大带宽和低时延的特点，还应该具备强大的容错性和负载均衡能力，以应对日益增长的网络流量和复杂的应用场景。

高确定性的网络对于"云 – 边 – 端"的协同是至关重要的。例如在智能交通、智能制造、医疗健康等领域中，边缘端设备需要与云端进行实时

的数据交换和决策，任何时延或错误都可能导致灾难性的后果。因此，确保网络传输的可靠性和可预测性是至关重要的。高确定性的网络可以提供稳定的网络环境，减少数据丢失和时延，从而保证"云－边－端"高效协同。

8.2.3 安全可靠、智能融合的网络

"东数西算"是我国算力基础设施领域的重点国家战略工程，"东数西算"工程基于我国东西部算力基础设施发展不均衡的问题，提出构建全国一体化大数据中心算力网络体系，设立八大枢纽节点、十大数据中心集群，引导各地区数据中心向枢纽节点、集群聚集，形成产业发展合力，推动算力基础设施的转型升级。东部地区重点发展工业互联网、金融证券、灾害预警、远程医疗等实时性要求较高的业务，贵州、内蒙古、甘肃、宁夏节点重点发展后台加工、离线分析、存储备份等非实时性业务。同时，"东数西算"工程鼓励东部数据中心及异地容灾、医疗影像、云会议、政务网站等时延要求不高的温数据业务加速向西部转移，缓解东部地区的能耗压力，提高西部地区算力基础设施的利用率，促进全国算力基础设施的一体化发展。

"东数西算"工程实施以来，各枢纽节点以及集群所在地方政府积极推动工程建设，引导技术及应用创新，衍生出一些相对成熟的"东数西算"应用场景，主要包括实时计算、"东数西渲""东数西训""东数西存"等应用。实时计算面向一些实时性要求较高的应用，例如远程医疗等，目前业务需求相对较少，仍处于探索试点阶段，实时计算对东西部网络传输带宽、可靠性、安全性的要求极高，需要网络提供确定性的保障。"东数西渲""东数西训"主要是将数据渲染、数据训练业务调度到西部数据中心，利用西部大量的数据中心资源提供渲染、训练服务，数据渲染、训练业务对于远距离传输的实时性要求不高，对传输的可靠性和安全性要求较高，数据传输错误可能会导致渲染、训练结果错误；"东数西存"对数据传输

的实时性要求相对较低，主要用于数据中心的灾备存储。

无论是实时计算、"东数西渲""东数西训"，还是"东数西存"等场景，数据在远距离跨域传输的过程中，均需要对链路的状态进行感知，并选择合适的链路。同时，算力供需双方可能并不知道彼此是否有合适的算力需求或算力资源，在这种情况下，还需要对各节点的算力需求、算力供给能力进行感知，这就形成了算网智能融合的需求。在算网智能融合的支持下，网络可全面感知各节点算力供给能力、网络传输性能以及用户业务对算网资源的需求，并可通过感知、编排、调度等技术将用户业务请求调度到合适的算力节点，实现东西部算网供需的高效匹配。

8.2.4 高速无损、高利用率的网络

大规模 AI 计算的过程中，集群计算设备间需要进行海量数据传输，需要超宽无损的网络。在 AI 模型的训练和推理过程中，涉及庞大的数据集、复杂的模型结构和深层次的神经网络。随着 AI 模型规模越来越大，显存和计算面临更严峻的挑战，当前解决 AI 大模型挑战的思路主要是多维度并行和多维度优化，包括数据并行、流水线并行和张量并行。数据并行是把训练的数据集分为多份，并行训练，从而减少训练的时间；流水线并行是把模型的不同层部署到不同的 GPU 上，从而减少大模型对 GPU 内存的需求；张量并行是指，如果一张 GPU 内存无法放下大模型时，将模型切分到不同的 GPU 上，每一个 GPU 上的参数量大大减少，这样就可以容纳更大的模型训练。AI 计算并行原理如图 8-13 所示。

这些并行数据需要在各个 GPU 节点之间高速传输，以确保计算任务的高效完成。传统网络往往存在瓶颈，导致数据传输时延和拥堵，严重影响计算性能，无法满足大模型并行通信的要求。张量并行的通信量是流水线并行和数据并行通信量的 50 倍，业界通常采用机内定制的高速总线技术承

载。而流水线并行和数据并行的方式需要跨多节点通信，通过超宽无损的网络提供超大的带宽和超快的数据传输速率，确保数据在各个节点之间流畅地传输，减少数据传输的时延，大幅提高了计算的效率。业界将在超融合以太网的基础上，持续优化，重构以太网，争取支持百万级的传输规模。

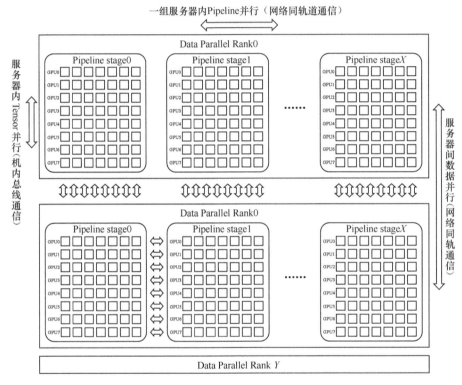

资料来源：中国信息通信研究院

图 8-13　AI 计算并行原理

在大规模 AI 计算中，网络资源的有效利用尤为重要。传统网络往往存在资源分配不均衡的问题，某些节点可能会过载，导致整个网络的性能下降，且随着 AI 大模型的应用，单流带宽随每个节点的接入带宽升级为400Gbit/s/800Gbit/s，集群规模扩展，网络资源负载不均的问题越来越明显。而高利用率的网络可以更好地分配和管理资源，确保每个节点都能得到充分利用，从而提高整体计算的效率。在大规模 AI 计算的场景下，未来，集群会扩展到数十万张卡，甚至百万张卡，集群内多节点协同开展模型训练的频率以及数据计算规模显著提升，提高网络的资源感知能力能够更好地实现计算、网络资源的分配，实现网络级的负载均衡，提高整个集群的计算训练效率，实现更多计算业务的处理，减少资源和成本的浪费。

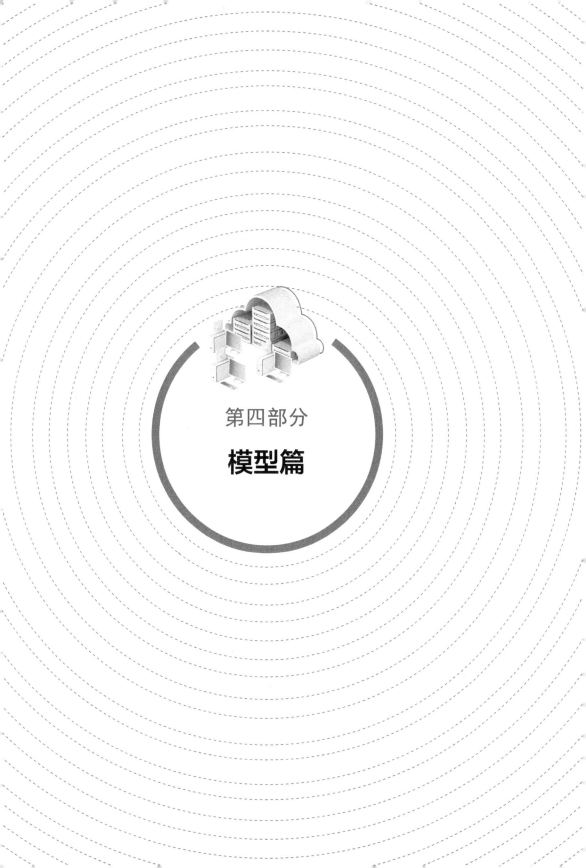

第四部分

模型篇

9 指数体系构建

9.1 指标选取及更新

结合算力、存力、运力发展特点和重点影响因素，《中国综合算力指数（2022 年）》利用统计学构建中国综合算力指数体系 1.0[1]。《中国综合算力指数（2023 年）》在 2022 年的基础上，进一步完善了中国综合算力发展体系，构建了中国综合算力指数体系 2.0。

与中国综合算力指数体系 1.0 相比，中国综合算力指数体系 2.0 在市场环境层面将原来的产业示范基地、新型数据中心、DC-Tech 合并，并增加了软硬件研发总投入和数据中心相关发明专利软著授权总数两个三级指标，加强了对算力技术创新能力的评价。技术研发是提升综合算力发展水平的核心，我国算力技术水平需要持续提升。我国鼓励企业加强技术创新，通过不断加大硬件、基础软件、应用软件等算力技术自主研发投入，推动算力技术不断进步。

9.2 指数体系

中国综合算力指数体系共选取了 32 个指标，从算力、存力、运力和环境 4 个维度衡量我国 31 个省（自治区、直辖市）的综合算力发展水平。指标数据来源、计算方法和计算口径见附件。

算力包括算力规模和算力质效 2 个二级指标：算力规模[2]包括在用算力、

1　来源：中国算力大会，《中国综合算力指数（2022 年）》。

2　算力规模统计范围为通用算力、智算算力和超算算力，覆盖运营商、第三方供应商、互联网及行业的数据中心、智算中心、超算中心等。

在建算力 2 个三级指标；算力质效包括上架率、PUE[1]、CUE[2]、行业赋能覆盖量、业务收入和头部企业布局 6 个三级指标。未来随着"东数西算"工程的深入推进，以超算、智算为代表的多样性算力成为算力未来发展的主要方向。

存力包括存力规模和存力性能 2 个二级指标：存力规模[3]包括存储总体容量、单机架存力 2 个三级指标；存力性能包括 IOPS[4]、存算均衡和先进存储占比 3 个三级指标。

运力包括基础网络条件和网络运力质量 2 个二级指标：基础网络条件包括国家级互联网骨干直联点、省际出口带宽、单位面积 5G 基站数、互联网专线用户、互联网宽带接入端口和单位面积长途光缆距离 6 个三级指标；网络运力质量包括数据中心网络出口带宽、数据中心网络时延、固定宽带平均下载速率、移动宽带平均下载速率和千兆光网覆盖率 5 个三级指标。

环境包括资源环境和市场环境 2 个二级指标：资源环境包括电价、自然条件和政策支持力度 3 个三级指标；市场环境包括人才储备、行业交流频次、示范荣誉、软硬件研发总投入和数据中心相关发明专利软著授权总数 5 个三级指标。

中国综合算力指数体系 2.0 如图 9-1 所示。

1　电能利用效率（Power Usage Effectiveness，PUE），指数据中心总耗电量与数据中心 IT 设备耗电量的比值。

2　碳利用效率（Carbon Usage Effectiveness，CUE），指数据中心二氧化碳排放总量与数据中心 IT 设备耗电量的比值。

3　存力规模统计范围为算力基础设施存储能力，覆盖运营商、第三方供应商、互联网及行业的数据中心、智算中心、超算中心等。

4　IOPS（Input/Output Operations Per Second）即每秒进行读写操作的次数，是度量存储设备或存储网络性能的指标。

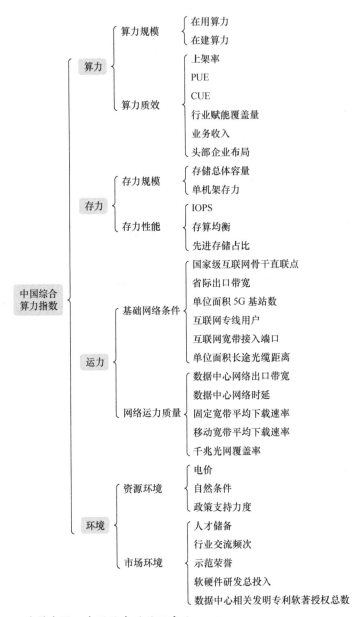

资料来源：中国信息通信研究院

图 9-1　中国综合算力指数体系 2.0

10 评价结果

10.1 综合算力指数

综合算力指数排名前 10 的省（自治区、直辖市）绝大部分位于"东数西算"八大枢纽内，东部算力枢纽节点所在省（自治区、直辖市）总体处于领先水平。截至 2022 年年底，综合算力指数排名前 10 的省（自治区、直辖市）为广东省、江苏省、上海市、河北省、北京市、浙江省、内蒙古自治区、山东省、贵州省和四川省，如图 10-1 所示。

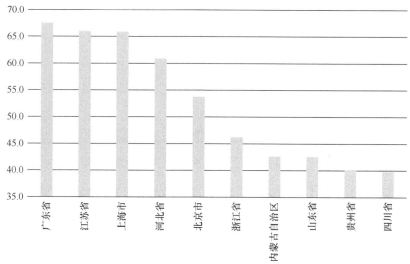

资料来源：中国信息通信研究院

图 10-1 综合算力指数排名前 10 的省（自治区、直辖市）

北上广及周边省（自治区、直辖市）的市场需求旺盛，这些省（自治区、直辖市）的算力、存力、运力发展整体处于较高水平，产业发展势头良好，综合算力指数总体较高，得分均超过 45 分。此外，在东部省（直辖市）中，山东省在存力、运力、环境等方面也处于全国前列，近年来山东省打出一系列数字赋能组合拳，数字经济持续做强、做优、做大，综合算力已成为驱动经济高质量发展的关键力量。内蒙古自治区、贵州省等西部省（自治区）以其自身在存力、环境等方面的优势也跻身前 10，综合算力指数均超过 40 分。

与 2021 年相比，综合算力指数排名前 10 的省（自治区、直辖市）发生细微变化，广东省的排名不变，江苏省和上海市的排名互换，河北省和北京市的排名互换，内蒙古自治区和山东省的排名互换，四川省首次进入前 10。国家"东数西算"工程为内蒙古自治区、贵州省、四川省的新型基础设施、信息通信基础设施、IT 设备制造等产业发展带来新机遇，通过枢纽节点建设，带动新型基础设施（数据中心）投资大幅增长，综合算力水平不断提升。

10.2 算力指数

（1）整体情况

河北省、广东省、江苏省和上海市在算力指数上处于领先位置，排名前 10 的省（自治区、直辖市）呈梯队分布。截至 2022 年年底，我国算力指数排名前 10 的省（自治区、直辖市）为河北省、广东省、江苏省、上海市、北京市、内蒙古自治区、山西省、宁夏回族自治区、湖北省和贵州省，如图 10-2 所示。

其中，河北省、广东省、江苏省、上海市位列算力指数全国前 4，得分均超过 65 分。北京市、内蒙古自治区、山西省、宁夏回族自治区、湖北省、贵州省的算力发展位列我国算力指数的第二梯队，总分值均超过 38 分。

与 2021 年相比，除宁夏回族自治区、湖北省首次进入算力指数前 10 外，其他省（自治区、直辖市）仍为 2021 年算力指数排名前 10 的省（自治区、直辖市）。北上广及周边省（自治区、直辖市）的算力需求强盛，算力指数依旧遥遥领先。西部地区资源充裕，特别是可再生能源丰富，具备发展数据中心、承接东部算力需求的潜力，在"东数西算"等国家战略的推动下，算力指数不断提高。

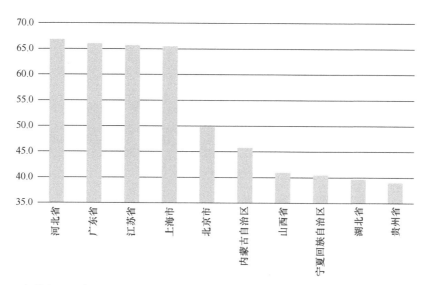

资料来源：中国信息通信研究院

图 10-2　算力指数排名前 10 的省（自治区、直辖市）

算力作为一种新技术生产力，成为挖掘数据要素价值、推动数字经济发展的核心支撑力和驱动力。全国算力呈现规模化、集约化发展的趋势，这一趋势有利于推动区域协调发展，推进西部大开发形成新格局。

（2）算力规模

在算力规模分指数方面，一线城市周边地区发展领先，区域差异明显。截至 2022 年年底，我国算力规模分指数排名前 10 的省（自治区、直辖市）为江苏省、河北省、上海市、广东省、北京市、山东省、山西省、贵州省、浙江省和内蒙古自治区，如图 10-3 所示。

其中，江苏省、河北省、上海市、广东省和北京市位列算力规模分指数的前 5，处于第一梯队，分数均超过 40 分。江苏省、河北省继续承接来自上海市和北京市的外溢需求，算力规模分指数均处于全国前列。山东省、山西省、贵州省、浙江省和内蒙古自治区处于第二梯队，分数均超过28分。一线城市及周边省（自治区、直辖市）具有国际竞争力的数字应用集群、广阔的应用空间和庞大的市场需求，算力发展具有明显优势。中西部地区虽然与东部区域仍存在一定差异，但在国家战略的领导下正在加快追赶速度，不断提升算力规模。

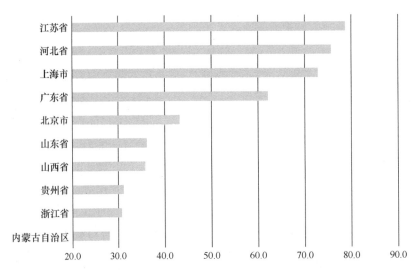

资料来源：中国信息通信研究院

图 10-3　算力规模分指数排名前 10 的省（自治区、直辖市）

从在用算力规模来看，排名前 10 的省（自治区、直辖市）与算力规模分指数排名前 10 的省（自治区、直辖市）一致。截至 2022 年年底，我国在用算力规模排名前 10 的省（自治区、直辖市）为上海市、江苏省、广东省、河北省、北京市、山东省、贵州省、浙江省、内蒙古自治区和山西省。其中，上海市、江苏省、广东省、河北省、北京市位于第一梯队，在用算力规模均超过 13EFLOPS，第一梯队算力规模全国占比超过 45%。山东省、贵州省、浙江省、内蒙古自治区和山西省位于第二梯队，在用算力规模均超过 5EFLOPS。整体而言，西部地区算力规模较短时间内难以超越东部地区。我国在用算力规模分布如图 10-4 所示。

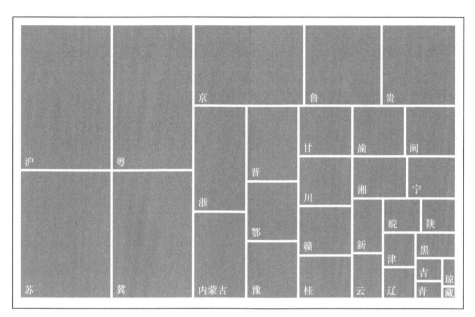

资料来源：中国信息通信研究院

图 10-4　我国在用算力规模分布 [1]

从在建算力规模来看，江苏省、河北省和山西省处于绝对领先位置。截至 2022 年年底，我国在建算力规模排名前 10 的省（自治区、直辖市）为江苏省、河北省、山西省、上海市、湖北省、广东省、内蒙古自治区、甘肃省、浙江省和西藏自治区。江苏省、河北省和山西省在建算力规模均超过 18EFLOPS。江苏省地处长三角地区，交通便捷，作为全国经济大省，极具优势，区域内各类应用场景对算力需求极高。河北省、山西省面临巨大的机遇和挑战，涌现出了一批具有创新能力和市场竞争力的互联网企业和新兴技术企业，对于算力的需求呈现出爆发性增长。在建算力规模排名前 10 的省（自治区、直辖市）分布较为均匀，在建算力规模位于 3 ～ 8EFLOPS。随着"东数西算"工程的实施落地，京津冀地区、长三角地区、粤港澳大湾区、成渝地区等东部枢纽节点和内蒙古自治区、甘肃省、

1　在用算力统计范围为通用算力规模、智能算力规模和超算算力规模。

宁夏回族自治区、贵州省等西部枢纽节点将加快建设大型、超大型数据中心，算力规模将快速扩大。我国在建算力规模分布如图 10-5 所示。

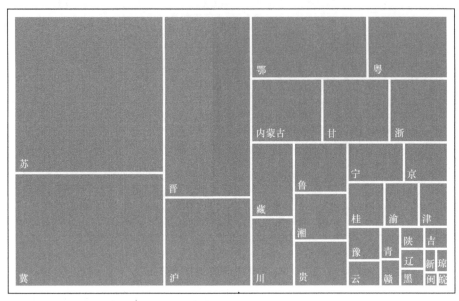

资料来源：中国信息通信研究院

图 10-5　我国在建算力规模分布[1]

（3）算力质效

在算力质效分指数方面，广东省领先发展，其他省（自治区、直辖市）算力质效提升空间较大。截至 2022 年年底，我国算力质效分指数排名前 10 的省（自治区、直辖市）为广东省、河北省、上海市、宁夏回族自治区、内蒙古自治区、江苏省、北京市、甘肃省、湖北省和安徽省。其中，广东省在我国算力质效分指数排名中位列第一，得分超过 68 分，这得益于韶关数据中心集群全产业链发展等一系列重要规划的不断落实，具有典型的示范作用。河北省和上海市的算力质效分指数相对较高，位列第二和第三，得分均超过 60 分。宁夏回族自治区和内蒙古自治区作为西部枢纽节点，在

1　在建算力统计范围为通用算力规模、智能算力规模和超算算力规模。

算力质效分指数方面跻身全国第四和第五，具有良好的示范效应。江苏省、北京市、甘肃省、湖北省和安徽省分别位列第六至第十，得分均超过45分。甘肃省、湖北省和安徽省近年来积极推动算力业务发展，加快数据信息产业落地建设，算力质效水平不断提升。算力质效分指数排名前10的省（自治区、直辖市）如图10-6所示。

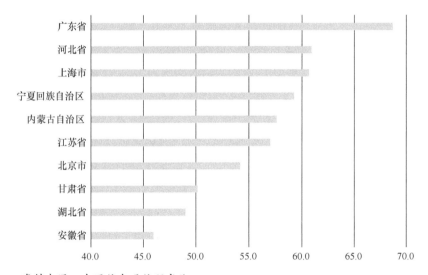

资料来源：中国信息通信研究院

图10-6　算力质效分指数排名前10的省（自治区、直辖市）

从上架率来看，我国不同省（自治区、直辖市）数据中心上架率差异较大。截至2022年年底，我国上架率排名前10的省（自治区、直辖市）为黑龙江省、陕西省、山西省、北京市、天津市、上海市、河北省、广东省、西藏自治区和海南省，上架率均超过55%。整体而言，我国数据中心上架率偏低，主要原因是区域建设定位不明确、产业生态不完善，31个省（自治区、直辖市）需要加强系统规划和整体布局，平衡算力投资与资源利用。我国31个省（自治区、直辖市）上架率分布如图10-7所示。

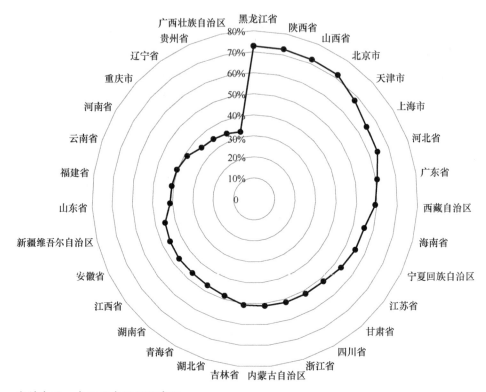

资料来源：中国信息通信研究院

图 10-7　我国 31 个省（自治区、直辖市）上架率分布

　　从 PUE 值来看，我国数据中心节能降耗提升空间较大。2022 年，我国在用数据中心平均 PUE 值为 1.52，我国 PUE 值较低排名前 10 的省（自治区、直辖市）为青海省、河北省、宁夏回族自治区、内蒙古自治区、安徽省、山西省、辽宁省、江西省、甘肃省和新疆维吾尔自治区，上述省（自治区、直辖市）地理环境较好或利用先进的节能技术，降低能源消耗，PUE 值水平处在全国前列，如图 10-8 所示。

　　针对数据中心的高能耗问题，国家及多地政府发布了多项政策性文件推动数据中心节能降耗。部分数据中心存在实际运行的 PUE 值与设计 PUE 值相差过大的问题，为进一步提升能源的利用率，需要从设计理念上进行革新，同时第三方进行实测评估，给予指导和监督。

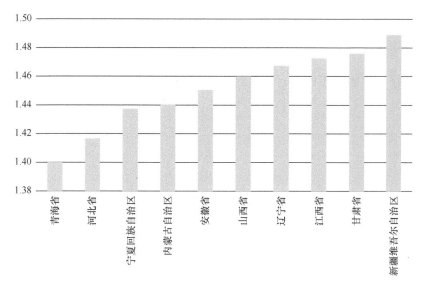

资料来源：中国信息通信研究院

图 10-8　我国 PUE 值较低排名前 10 的省（自治区、直辖市）

10.3　存力指数

（1）整体情况

存力发展较好的省（自治区、直辖市）的存力规模和存力性能均处于全国领先地位。截至 2022 年年底，我国存力指数排名前 10 的省（直辖市）为广东省、江苏省、上海市、河北省、北京市、浙江省、贵州省、甘肃省、山东省和四川省，如图 10-9 所示。

其中，广东省的存力指数全国第一，存力指数得分超过 80 分，存储容量超过 110EB，整体实力最强，在存力规模和存力性能上发展均衡。江苏省紧随其后，存力指数得分约 75 分，江苏省在存力上规模和性能并重。上海市、河北省和北京市的整体存力水平相差不大，存力指数均在 60～70 分，在存力规模和存力性能方面各具优势。浙江省、贵州省、甘肃省、山东省和四川省的存力指数均在 30～55 分。其中，浙江省、贵州省和山东省的存力规模均在45EB以上，四川省和甘肃省存力规模尚小，存储容量不到30EB，虽然两省在存储性能上有一定优势，但其有限的存储容量与不断增长的数据存储需求不匹配，未来可能出现数据"存不下"的情况。

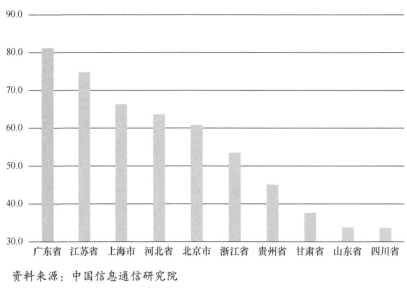

资料来源：中国信息通信研究院

图10-9　存力指数排名前10的省（直辖市）

（2）存力规模

在存力规模分指数方面，广东省保持第一，存力规模得分明显高于其他省（自治区、直辖市）。截至2022年年底，我国存力规模分指数排名前10的省（自治区、直辖市）为广东省、江苏省、上海市、河北省、北京市、浙江省、贵州省、山东省、甘肃省和内蒙古自治区，如图10-10所示。

其中，广东省是存力规模分指数唯一超过70分的省；江苏省和上海市处于存力规模分指数第二梯队，二者存力规模分指数得分均超过60分；河北省和北京市紧随其后，存力规模接近江苏省和上海市，得分接近60分；浙江省、贵州省、山东省、甘肃省及内蒙古自治区存力规模相对较小，其中，浙江省的存力规模分指数略大于45分，贵州省得分约为39分，其他省（自

治区）的存力规模得分均在 30 分左右。

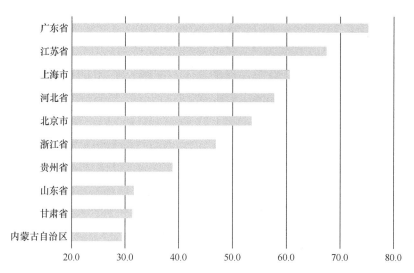

资料来源：中国信息通信研究院

图 10-10　存力规模分指数排名前 10 的省（自治区、直辖市）

与 2021 年相比，山东省和甘肃省首次进入存力规模分指数前 10。存力规模与各省（自治区、直辖市）经济发展水平、人口密度、数据流量、产业数字化转型需求等密切相关，例如数据中心厂商大多倾向于在数据中心需求及消化能力较强的地区布局，因此一线城市及周边区域存力规模较高。为充分发挥海量数据和丰富应用场景的优势，促进数字技术和实体经济的深度融合，这些省（自治区、直辖市）在扩大存力规模的同时，需要在存储架构和存储先进性上进行优化升级。

我国数据存储容量的集中度仍较高，全国存力规模分指数排名前 10 的省（自治区、直辖市）的单机架存力水平相差不大。存力规模主要从存储总体容量和单机架存力两个方面进行评价，目前，广东省、江苏省、上海市、河北省、北京市和浙江省作为数据生产大省，存储容量总和达到 520EB，占全国存储容量总和的一半以上。其中，北上广存储容量总和达 280EB，约占全国总存量的 28%，与 2021 年比，略微降低。在"东数西算"政策的推动下，贵州省和内蒙古自治区等枢纽节点的存储容量迅速发展，存储规模已位于全国中上水平，与东部一线地区的存储总体容量差距逐渐缩小。在单机架存力方面，全国存力规模排名前 10 的省（自治区、直辖市）单机架存力整体位于 130～190TB。存储总体容量排名前 10 的省（自治区、直辖市）与单机架存力情况如图 10-11 所示。

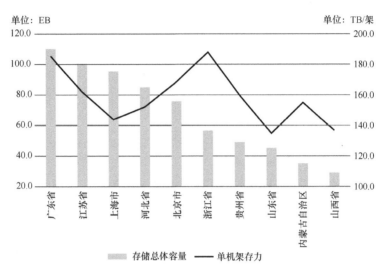

资料来源：中国信息通信研究院

图 10-11　存储总体容量排名前 10 的省（自治区、直辖市）与单机架存力情况

（3）存力性能

在存力性能分指数方面，北京市、广东省名列第一和第二，其他省（自治区、直辖市）紧随其后。截至 2022 年年底，我国存力性能分指数排名前 10 的省（自治区、直辖市）为北京市、广东省、天津市、上海市、内蒙古自治区、山西省、江苏省、河北省、重庆市和湖北省，如图 10-12 所示。

其中，北京市和广东省存力性能较高，得分均超过 70 分；其余 8 个省（自治区、直辖市）中，除湖北省外，剩余 7 个省（自治区、直辖市）相差不大，均在 60 分左右。天津市、上海市、内蒙古自治区和山西省存力性能得分均在 60～65 分。江苏省、河北省、重庆市和湖北省存力性能得分均在 50～60 分。北京市和广东省区域经济相对发达，行业创新领先企业较多，先进存储发展具有先天优势，未来应充分利用自身优势，积极推动存储核心技术底层研发和技术攻关，力争打造全球存储的创新高地。全国各地均须从具体业务出发保障存算均衡，对时效性要求高的项目应提高先进存储的覆盖率。

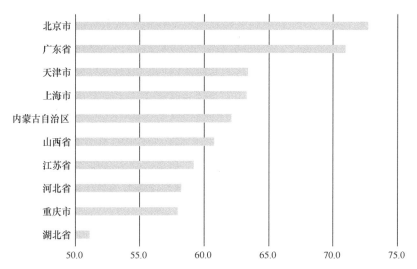

资料来源：中国信息通信研究院

图 10-12　存力性能分指数排名前 10 的省（自治区、直辖市）

10.4　运力指数

（1）整体情况

我国 31 个省（自治区、直辖市）的运力发展差异明显，一线沿海城市运力指数高于其他一、二线城市。截至 2022 年年底，我国运力指数排名前 10 的省（直辖市）为上海市、广东省、江苏省、浙江省、四川省、山东省、北京市、天津市、河北省和河南省，如图 10-13 所示。

其中，上海市、广东省和江苏省运力较强，分别位居前 3，广东省和江苏省运力总体水平差距较小，在网络质量和基础网络条件方面各具优势。

浙江省、四川省、山东省、北京市、天津市和河北省的运力水平略低于广东省和江苏省，主要受制于单位面积长途光缆距离、单位面积 5G 基站数、互联网专线用户、互联网宽带接入端口和数据中心网络出口带宽等原因。

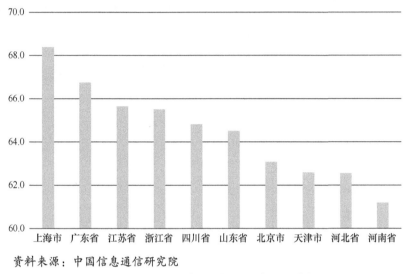

资料来源：中国信息通信研究院

图 10-13　运力指数排名前 10 的省（直辖市）

运力指数排名前 10 的省（直辖市）与 2021 年一致，上述省（直辖市）在网络运载能力上仍处于全国较高水平。整体而言，我国网络基础设施建设稳步推进，5G 网络连接用户规模持续扩大，移动互联网接入流量保持较快增长速度，为我国运力发展提供了有力支撑。工业和信息化部数据显示，2022 年，我国新增建设了 5 个国家级互联网骨干直联点，互联带宽达到38Tbit/s，建成 4 个新型交换中心，全方位、多层次、立体化网络互联架构加速形成，网络服务性能达到国际先进水平。

（2）基础网络条件

在基础网络条件分指数方面，广东省、上海市、江苏省和浙江省的发展领先优势明显，京津冀及其他省（自治区、直辖市）仍需进一步提高。截至 2022 年年底，我国基础网络条件分指数排名前 10 的省（直辖市）为广东省、上海市、江苏省、浙江省、四川省、山东省、北京市、安徽省、天津市和河北省，如图 10-14 所示。

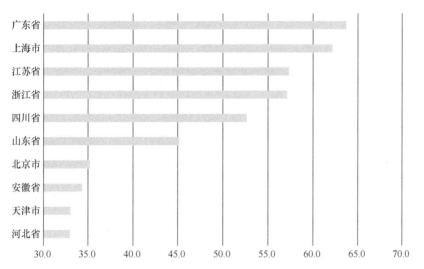

资料来源：中国信息通信研究院

图 10-14　基础网络条件分指数排名前 10 的省（直辖市）

其中，广东省和上海市优势明显，基础网络条件分指数均突破 60 分；江苏省、浙江省、四川省和山东省紧随其后，基础网络条件分指数在 45 ～ 58 分；北京市、安徽省、天津市和河北省的基础网络条件分指数在 30 ～ 36 分，具有较大的发展空间。

在地区方面，长三角、粤港澳、京津冀地区基础网络条件较好，其中，粤港澳和长三角地区优势较为突出，广东省、上海市、江苏省和浙江省的基础网络条件显著优于其他省（自治区、直辖市）。未来，在"东数西算"政策引导、产业升级和集群效应的带动下，随着各项时延要求相对较低的业务（例如后台加工、离线分析、存储备份等）向西部地区迁移，西部各省（自治区、直辖市）网络建设将迎来发展良机。

（3）网络运力质量

在网络运力质量分指数方面，东部沿海省（自治区、直辖市）在全国处于靠前位置，四川省和甘肃省紧随其后。截至 2022 年年底，我国网络运力质量分指数排名前 10 的省（直辖市）为江苏省、上海市、浙江省、山东省、北京市、广东省、天津市、四川省、甘肃省和湖北省，如图 10-15 所示。

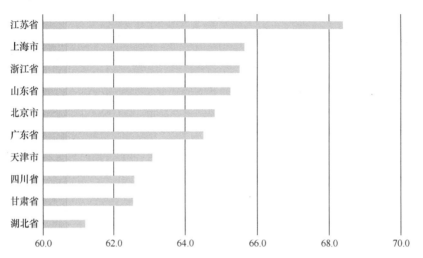

资料来源：中国信息通信研究院

图 10-15　网络运力质量分指数排名前 10 的省（直辖市）

其中，江苏省在网络运力质量方面遥遥领先；上海市、浙江省和山东省的网络运力质量分指数相近，分别位列第二至第四，得分均超过 65 分；北京市、广东省、天津市、四川省、甘肃省和湖北省的网络运力质量分指数紧随其后。网络运力质量分指数较高的省（自治区、直辖市）均为数字经济发展较好的地区，长三角和京津地区的网络运力质量分指数较高，集群化特点明显，其中，江苏省和上海市的网络运力质量相对领先，分别在千兆光网覆盖率、固定和移动宽带下载速率上有一定的优势。中国信息通信研究院数据中心团队支撑工业和信息化部，建设了中国算力平台（算网监测），对全国各省（自治区、直辖市）、城市、枢纽节点开展算力网络质量监测工作，推动我国网络运力高质量发展。

我国 31 个省（自治区、直辖市）数据中心网络出口带宽差距较大。2022 年，我国数据中心网络出口带宽得分排名前10的省（直辖市）为浙江省、江苏省、山东省、广东省、上海市、北京市、四川省、福建省、湖北省和山西省，如图10-16所示。

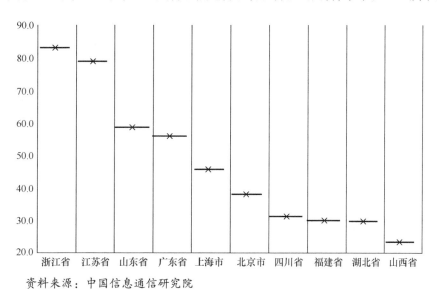

资料来源：中国信息通信研究院

图 10-16　我国数据中心网络出口带宽得分排名前 10 的省（直辖市）

其中，浙江省和江苏省在我国数据中心网络出口带宽属于第一梯队，得分均高于 75 分。浙江省骨干网建设持续扩容，城市家庭光纤网络具备千兆接入能力，行政村具备百兆以上接入能力，网络类基础设施全国领先。山东省、广东省、上海市和北京市在我国数据中心网络出口带宽属于第二梯队，数据中心网络出口带宽得分位于 30～60 分；四川省、福建省、湖北省和山西省等省的数据中心网络出口带宽得分较低，仍需随数据中心建设进一步加强。随着移动通信设备的普及化、视频业务的流行化和移动互联网的深入化，数据中心对带宽的需求将持续增加。

10.5　环境指数

（1）整体情况

我国 31 个省（自治区、直辖市）算力发展环境持续优化。截至 2022

年年底，算力发展环境指数排名前 10 的省（自治区、直辖市）为内蒙古
自治区、宁夏回族自治区、上海市、山东省、河北省、北京市、黑龙江省、
甘肃省、江苏省和四川省，如图 10-17 所示。

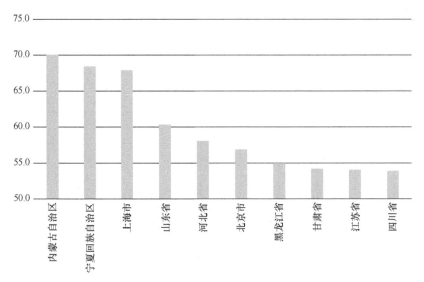

资料来源：中国信息通信研究院

图 10-17　算力发展环境指数排名前 10 的省（自治区、直辖市）

其中，内蒙古自治区、宁夏回族自治区以其优异的资源环境和良好的
市场环境占据优势，算力发展环境指数排名全国第一和第二，环境指数得
分均在 65 分以上；上海市、山东省、河北省和北京市的人才储备能力强、
产业市场活力旺盛、技术研发水平相对较高，综合算力发展环境整体处于
较高水平，环境指数得分均为 55 分以上；黑龙江省将智能制造、数字化作
为推动"工业强省"建设的实施战略，提出了《黑龙江省支持数字经济加
快发展若干政策措施》等一系列扶持包括数据中心在内的数字经济发展政
策，算力发展环境指数位列全国第七；甘肃省、江苏省和四川省跻身前 10，
算力发展环境指数均超过 53 分。与 2021 年相比，2022 年算力发展环境指
数最高分接近 70 分，远超过 2021 年算力发展环境指数最高分 54 分，算力

发展环境持续改善，为我国数字经济高质量发展提供支撑。

（2）资源环境

在资源环境分指数方面，我国西部地区和东北地区相比其他省（自治区、直辖市）具有较大优势。截至2022年年底，我国资源环境指数排名前10的省（自治区、直辖市）为宁夏回族自治区、内蒙古自治区、青海省、黑龙江省、甘肃省、上海市、吉林省、北京市、河北省和山东省。其中，宁夏回族自治区和内蒙古自治区的资源环境分指数遥遥领先，均为90分以上；青海省、黑龙江省和甘肃省为我国算力发展资源环境分指数排名前10的省（自治区、直辖市）的第二梯队，资源环境得分70分以上；上海市、吉林省、北京市、河北省和山东省为我国算力发展资源环境分指数排名前10的省（自治区、直辖市）的第三梯队，资源环境得分均在62分以上。

西部地区和东北地区拥有丰富的煤炭、天然气、风能等能源资源，同时，具有一定的政策扶持和税收优惠，有利于企业在这些区域进行数据中心等算力基础设施的投资建设。全国一体化算力网络国家枢纽节点的复函指出，数据中心集群可再生能源使用率要显著提升。内蒙古自治区和云南省的数据中心可再生能源使用率在全国处于较高水平。在"双碳"背景下，数据中心绿色低碳发展是必由之路。

第五部分

智能算力篇

11 智能算力分析

11.1 智能算力概述

11.1.1 智能算力的定义与内涵

全球算力发展正面临应用多元化、供需不平衡等挑战，人工智能、数字孪生、元宇宙等新兴领域的崛起，推动算力规模快速增长、计算技术多元创新、产业格局重构重塑。智能算力作为数字经济时代的新生产力，对推动科技进步、赋能行业数字化转型及经济社会发展发挥着日益重要的作用。

智能算力即人工智能算力，是面向人工智能应用，提供人工智能算法模型训练与模型运行服务的计算机系统能力。智能算力通常由 GPU、ASIC、FPGA、NPU 等各类专用芯片承担计算工作，在人工智能场景应用时具有性能更优、能耗更低等优点。

智能算力是数字经济时代的重要支撑。数字经济依赖数据的处理和分析，而智能算力为这些操作提供了强大支撑。企业和个人利用智能算力提供的高性能计算能力处理海量的数据，快速、准确地分析数据，从而为企业的决策和发展提供更多的信息和支撑。人工智能、大数据、物联网等新兴技术在智能算力的支持下能够更加高效地进行数据处理、模型训练和决策推断，加速技术落地，推动数字经济与实体经济深度融合。

智能算力是人工智能发展的动力。智能算力使运算速度大幅增加，处理复杂数据的能力大幅提升，传统的人工任务逐渐被自动化和智能化取代，人们开始寻求更加复杂和高级的任务，例如自动驾驶、自动翻译、半自动化医疗，人工智能领域进入一个全新的阶段。另外，随着智能算力的提升，新的算法和技术不断涌现，为人工智能的发展带来了新的机遇。大规模并行计算、深度学习、神经网络等技术兴起，在智能算力的支持下，人工智能在各个领域都得到了广泛应用，推动了人工智能技术的进一步突破。

智能算力是科技创新的新引擎。智能算力为科技创新提供强大的计算支持，提高了科技创新的效率和质量。学术界和工业界利用智能算力能够处理更加复杂的计算任务，科研人员可以更快地开展大规模数据处理、模拟实验和模型训练，极大地提高了科技创新的效率和质量。另外，智能算力可以推动新兴技术的突破，催生众多的创新应用，为科技的发展带来新的思路和方法。在人工智能技术中，智能算力是算法和数据的基础设施，更快速、更高效的数据处理能力使人工智能可以应用于更多领域。

11.1.2　发展智能算力的意义

智能算力作为关键生产力要素，推动数字经济高速发展。智能算力使数据的处理和分析更加高效、准确，使庞大的数据量可以更加高效地被挖掘和利用，为数字经济提供了强大的基础性支持。例如，在制造业领域，智能算力可以提供实时的生产数据，实现智能化的生产管理，提高企业的生产效率和产品质量。在服务业领域，智能算力可以通过大数据的分析和挖掘，实现自动化的客户服务化，提供更加智能化、个性化的服务体验。此外，智能算力也推动了数字经济与传统产业的融合，通过与人工智能、云计算、物联网等技术的结合，加速我国实体经济向数字化、网络化、智能化方向转变。

智能算力可以为人工智能发展提速，促进行业应用。目前，人工智能技术高速发展，智能化应用场景在行业的落地随着时间的推移，呈现出更加深入、更加广泛的趋势，对智能算力的需求与日俱增。人工智能与制造、交通、医疗、农业等领域的融合日益深入，持续推动行业质量变革、效率变革、动力变革，源源不断地为经济高质量发展提供新动能。未来五年，随着人机交互、机器学习、计算机视觉、语音识别技术的成熟，人工智能将在企业市场中加快应用与落地，赋能传统行业转型升级，而智能算力将助力人工智能持续快速发展。

智能算力可以为科技进步提供新动力，推动科技跨越式发展。智能算力为国家创新力的发展带来了实质性推进，不仅在应用科学的突破上发挥了重要作用，也开始渗透到基础科学领域。科学家们越来越多地利用人工智能技术，从数据中建立模型，重点围绕新药创制、基因研究、新材料研发等领域加速对前沿科学问题的探究。例如，在科研领域利用人工智能进行蛋白质折叠体结构的研究、抗菌耐药性基因的检测和识别；在医药领域，AI 计算辅助疫苗和药物研发用于靶点选择和验证先导化合物筛选和优化等研发环节，从传统"手工试错"向计算辅助模式转变，最大化缩短研发周期。

11.1.3 全球智能算力总体情况

全球智能算力的总体情况呈现快速增长趋势。截至 2022 年年底，全球算力总规模达到 650EFLOPS。其中，通用算力规模为 498EFLOPS，智能算力规模为 142EFLOPS，超算算力规模为 10EFLOPS。2021—2022 年全球算力规模情况如图 11-1 所示。

智能算力规模与 2021 年相比增加了 25.7%，规模占比达 21.9%。IDC 预测，全球 AI 计算市场规模将从 2022 年的 195.0 亿美元增长到 2026 年的 346.6 亿美元。

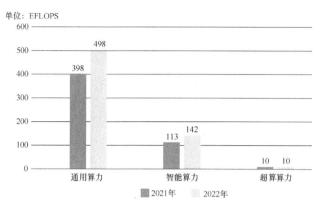

数据来源：Gartner、IDC

图 11-1　2021—2022 年全球算力规模情况[1]

11.1.4　我国智能算力总体情况

在算力规模方面，截至 2022 年年底，我国算力总规模为 180EFLOPS，位列全球第二。其中，通用算力规模为 137EFLOPS，智能算力规模为 41EFLOPS，超算算力规模为 2EFLOPS。2021—2022 年中我国算力规模情况如图 11-2 所示。

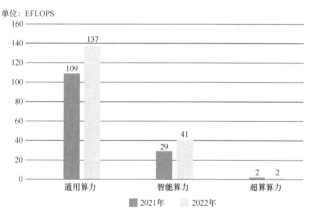

图 11-2　2021—2022 年中我国算力规模情况

我国智能算力正处于高速增长阶段，智能算力规模与 2021 年相比增加了 41.4%，规模占比达 22.8%，超过全球整体智能算力增速 25.7%[2]。

1　部分数据来源：《中国算力白皮书（2022 年）》。

2　部分数据来源：《中国算力白皮书（2022 年）》。

11.1.5　我国智能算力行业应用分布

人工智能在各行业的应用程度均呈现不断加深的趋势，其应用场景越来越广泛。智能算力在行业应用的情况可根据人工智能的行业渗透度来进行分析，与 2021 年相比，各行业人工智能渗透度明显提升。其中，互联网行业依然是人工智能应用渗透度和投资最高的行业；金融行业的人工智能渗透度从 2021 年的 55 提升到 2022 年的 62，智能客服、实体机器人、智慧网点、云上网点等成为人工智能在金融行业的应用典型；电信行业的人工智能渗透度从 2021 年的 45 提升到 2022 年的 51，人工智能技术融入电信网络的构建、优化，并为下一代智慧网络建设提供支撑；制造行业的人工智能渗透度从 2021 年的 40 提升到 2022 年的 45，结合人工智能技术在传统制造业进行智能化改造，已成为产业升级的热点。中国人工智能行业渗透度如图 11-3 所示。

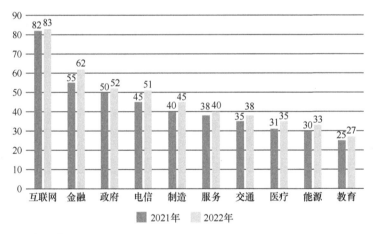

数据来源：IDC

图 11-3　中国人工智能行业渗透度

11.2　智能算力发展现状和挑战

11.2.1　智能算力技术层面应用发展现状

人工智能技术高速发展，应用方向逐渐多样化和复杂化。智能算力主要有 3 个优点。**一是能够提供大规模数据处理和复杂计算的能力，满足人工智能算法对于高性能计算的需求。二是能够加速人工智能模型的训练和推理过程，提高算法的效率和准确度。三是能够与其他技术手段结合，例如云计算、大数据分析和边缘计算等，可实现人工智能在各行业的广泛应用。**智能算力能够满足人工智能高并发、高弹性、高精度的计算需求，推动人工智能技术的不断升级与应用。高性能的计算能力为机器学习、深度学习和自然语言处理等人工智能技术的发展提供了有力的支撑。未来五年，人工智能将在企业市场中加快应用与落地，智能算力将成为创新的核心动力。

11.2.1.1 机器学习

机器学习（Machine Learning）的本质是通过计算机从大量的数据中找到数据整合的规律，从而实现对于数据未来走向的预测。由机器学习算法支持的机器视觉、听觉和语音交互被应用到各种产品和服务中，进而带来 AI 在商业应用方面的增长。目前，通过让机器从大量数据中自主学习，使计算机具有了更强大的智能，机器学习已被广泛应用于图像识别、语音识别、医疗诊断、金融风控、智能推荐等领域。同时，机器学习也开始参与计算机内部体系的研究和设计过程，例如在计算机的翻译器、硬件处理器以及软件工程等设计开发方面使用更加现代化的编程语言。

智能算力在机器学习中的作用主要是为深度学习模型训练、大规模数据处理、实时数据分析与预测、自动化模型选择和调参、分布式机器学习等提供强大的计算力。在机器学习中，通常需要处理大规模的数据集。例如，在图像分类任务中，需要处理成千上万张图像来训练和测试模型，智能算力提供了并行计算和分布式计算的能力，可以快速地处理大规模数据，加速训练过程。智能算力还可以在实时数据分析和预测方面发挥作用，例如，将机器学习模型部署在智能算力的环境中，可以实时地监测和分析海量的数据，并利用模型进行实时预测和决策。

11.2.1.2　深度学习

深度学习（Deep Learning）是一种基于多层神经网络的机器学习方法，主要特点是能够处理复杂的非线性问题，可以学习和理解图像、声音和自然语言等复杂数据，并具有优秀的预测和决策能力。深度学习发展历程如图11-4所示。

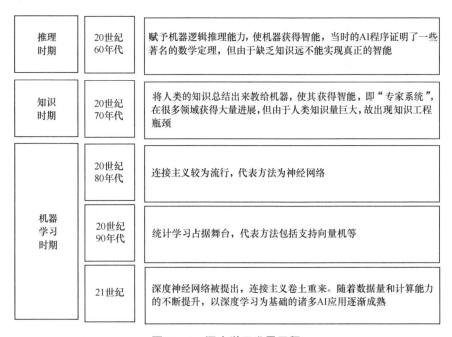

推理时期	20世纪60年代	赋予机器逻辑推理能力，使机器获得智能，当时的AI程序证明了一些著名的数学定理，但由于缺乏知识远不能实现真正的智能
知识时期	20世纪70年代	将人类的知识总结出来教给机器，使其获得智能，即"专家系统"，在很多领域获得大量进展，但由于人类知识量巨大，故出现知识工程瓶颈
机器学习时期	20世纪80年代	连接主义较为流行，代表方法为神经网络
	20世纪90年代	统计学习占据舞台，代表方法包括支持向量机等
	21世纪	深度神经网络被提出，连接主义卷土重来。随着数据量和计算能力的不断提升，以深度学习为基础的诸多AI应用逐渐成熟

图 11-4　深度学习发展历程

2011年，微软和谷歌率先将深度学习技术应用于语音识别，大幅提升了语音的识别率；2012年，深度学习开始用于图像识别，在ImageNet数据集上将原有识别错误率降低了11%；同年，微软公开了采用深度学习技术的"全自动同声传译系统"，该系统实现了实时翻译；2013年，百度宣布成立深度学习研究所，专注于该技术的研究；2016年，谷歌开发的人工智能AlphaGo战胜了专业围棋选手，这一成果迎来了深度学习的热潮。目前，应用较广泛的深度学习框架有 TensorFlow、Caffe、Theano、MXNet、PyTorch 等，实际应用主要有计算机视觉、语音识别、语言处理等。

随着深度学习的推进，人工智能逐渐应用到各个领域，对算力的需求越来越高，因为人工智能要达到目标必须不断地进行大规模、高频次的数据训练，经过不断训练，神经网络才能总结出规律，进而判断和分析新的样本。智能算力在深度学习中的应用现状主要体现在 3 个方面。**一是训练模型，深度学习模型具有复杂的结构和大量的参数，需要大量的计算资源进行训练，智能算力通过 GPU、TPU 等高性能的计算设备，加速深度学习模型的训练过程。二是推断推理，智能算力通过高性能计算设备和专门的推理芯片加速深度学习模型的推断过程，提高了模型的实时性和稳定性。三是模型优化，通过智能算力可以对模型进行自动化的超参数调优、网络结构搜索、模型剪枝等操作，提高了模型的精度和效率。**

11.2.1.3　NLP

NLP 是指基于人类日常交流过程中使用的自然语言与计算机进行交互的一种技术类型，涵盖语言学、计算机科学、数学、新闻学等一系列学科内容，是人工智能领域未来发展的重要方向。针对特定应用，具有相当自然语言处理能力的实用系统已经出现，甚至开始产业化。例如，多语种数据库和专家系统的自然语言接口、各种机器翻译系统、全文信息检索系统、自动文摘系统等。在人工智能技术的支持下，自然语言处理系统的适应能力不断提升。

智能算力在自然语言处理中的应用主要体现在 4 个方面。**一是语言模型，基于深度学习的语言模型（例如 BERT、GPT 等）极大地提升了 NLP 任务的性能，这些模型能够学习到丰富的语义信息和潜在语言规律，使计算机能够更好地理解和生成自然语言文本。二是机器翻译，神经机器翻译技术已经成为主流，神经机器翻译模型能够将一种语言翻译成另一种语言，**

实现更准确和更流畅的翻译质量。三是问答系统，通过结合 NLP、信息检索、文本匹配和语义分析等技术，问答系统能够根据用户提出的问题返回准确的答案。四是文本分类与情感分析，NLP 技术可以利用深度学习算法对文本进行分类和情感分析，广泛应用于舆情监测、电商评论分析等领域。

11.2.1.4 计算机视觉

计算机视觉是指让计算机和系统能够从图像、视频和其他视觉输入中获取有意义的信息，并根据该信息采取行动或提供建议。计算机视觉产业链全景图谱如图 11-5 所示。

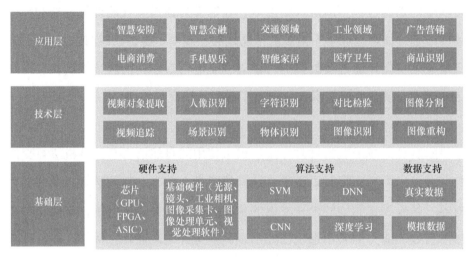

图 11-5 计算机视觉产业链全景图谱

在基础层方面，例如计算机视觉硬件方面主要还是国外集团市场份额占比较高。但在数据方面，我国市场巨大，应用广泛；在技术层方面我国部分技术已处于领先地位，例如人脸识别算法方面、物体监测技术等；在应用层方面我国成果广泛，已形成了全面布局行业解决方案，尤其在智慧安防、智慧金融、互联网领域市场增长迅速，颇具优势。智能算力在计算机视觉中的主要应用是深度学习模型，特别是卷积神经网络，通过卷积神经网络可进行图像分类、目标检测和图像分割等任务。这些模型在智能算力的支撑下经过大规模数据的训练，能够准确地识别和解析图像中的内容。

11.2.1.5 *数据分析和挖掘*

数据分析和挖掘技术是从大规模数据中提取有价值信息的重要工具，主要通过统计、计算、抽样等相关的方法，来获取基于数据库的数据表象的知识。随着大数据技术的不断进步，数据分析技术和分析工具不断涌现，包括数据的可视化和探索、机器学习和深度学习、数据挖掘算法、异常检测和异常数据分析、大规模数据处理和分布式计算等。这些工具和技术的出现及应用，提高了数据分析的效率和精度，并且增加了数据科学家对数据解释的可信度。未来，数据分析技术及其工具将被广泛应用并向自动化、智能化发展。

智能算力在数据分析和数据挖掘领域的主要应用是使用机器学习算法，例如决策树、支持向量机、随机森林等，对大规模数据进行模式和关联性的挖掘。智能算力也可以应用于深度学习模型，对大量的结构化和非结构化数据进行高级分析和挖掘。此外，通过智能算力的高效计算和高度并行的能力，还可以加速大规模数据的清洗、转换和特征提取过程。

11.2.2 智能算力应用层面发展现状

智能算力推动人工智能技术落地，算力释放成为生产力。人工智能技术的核心是模型训练与推理，而对于庞大的数据集和复杂的算法模型，需要大量的计算资源来支持。智能算力可以更快、更高效地进行模型训练和优化，从而加速人工智能技术的发展，推动人工智能技术应用于更多的领域和场景，为企业和社会创造价值。例如，在制造业行业，智能算力可以优化供应链管理与生产流程，实现智能制造；在金融行业，智能算力可以提供更准确的风险评估与投资建议，提高金融机构的决策能力；在汽车行业，将计算机视觉和机器学习与 GPS 技术、传感器技术、大数据技术等进行有机融合，为汽车的自感知、自学习、自适应和自控制提供支持。如今算力被视为生产力，成为传统产业转型升级的重要支点，进而积极释放数据要素的创新活力，赋能各行各业。

11.2.2.1 基础应用

（1）元宇宙

元宇宙（Metaverse）是人类运用数字技术构建的、由现实世界映射或超越现实世界，可与现实世界交互的虚拟世界。元宇宙是具备新型社会体系的数字生活空间，集成了一大批现有技术，其中包括 5G、云计算、人工智能、虚拟现实、区块链、数字货币、物联网、人机交互等。元宇宙虚拟世界表示、交互方式及内容创作方式演变如图 11-6 所示。

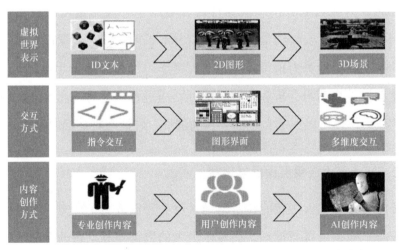

图 11-6 元宇宙虚拟世界表示、交互方式及内容创作方式演变

元宇宙中虚拟世界的构建经历了从文本到 2D 再到 3D 的形式演变，交互方式也由命令行转变为图形界面再到最近的虚拟现实、增强现实及混合现实等更加自然的方式。在内容创作上，从早期的专业创作内容逐步过渡到用户创作内容的形式，且有望在未来进入人工智能创作内容的形式。

2021 年元宇宙爆火，Soul App 首次提出构建"社交元宇宙"，微软打造"企业元宇宙"；同年，英伟达推出全球首个为元宇宙建立提供基础的模拟和协作平台，美国脸书（Facebook）宣布更名为"元"（Meta），名字来源于"Metaverse"，并宣布两年内对 XR 技术投入 5000 万美元。

智能算力为元宇宙的构建提供了强大的计算支持。通过云计算、分布式计算、边缘计算等技术，智能算力能够快速有效地处理海量数据和复杂计算任务，实现元宇宙中的虚拟现实、人工智能、物联网等应用。在虚拟现实方面，智能算力可以支持逼真的图形渲染、物理模拟和实时交互，并提供沉浸式的虚拟体验；在人工智能方面，智能算力能够训练和优化复杂的神经网络，实现自动化的语音识别、图像处理和情感分析。未来智能算力将与边缘计算、区块链等技术结合，更好地满足元宇宙应用对大规模数据处理、实时互动和高度智能化的需求。

（2）人工智能生成内容技术

人工智能生成内容（AI Generated Content，AIGC）技术是基于 GAN、预训练大模型、多模态技术融合的产物，通过已有的数据寻找规律，并通过泛化能力形成相关内容。随着 ChatGPT 的广泛应用，整个 AIGC 领域的关注度不断提高，绘画、建模、视频、影视等领域纷纷探讨应用 AIGC 的可能性，国内外 AIGC 产业化情况如图 11-7 所示。

图 11-7　国内外 AIGC 产业化情况

除了 OpenAI 的 ChatGPT，谷歌、百度、阿里巴巴、字节跳动等纷纷投入对各类大模型的研发中。AIGC 已经能够生成文字、代码、图像、语音、视频、3D 物体等各种类型的内容和数据，多模态技术的成熟让 AIGC 可应用的广度不断扩展，其未来应用潜力更大。

从技术角度来看，AIGC 的背后是算力、数据、算法等核心要素的有机融合，模型越大，对算力要求越高。ChatGPT 广泛应用的背后，本质上是人类在 AI 领域软件（数据、算法）和硬件（算力）综合能力大幅提升以后的一次爆发式体现。基于飞天智算的阿里云深度学习平台 PAI，将计算资源利用率提高 3 倍以上，AI 训练效率提升 11 倍，推理效率提升 6 倍；新华三推出专门为大模型训练而生的 AI 服务器及 51.2T、800G CPO 硅光数据中心交换机，支持大算力调度的傲飞算力平台；"文心一言"背后的算力基础设施是百度智算中心，其是亚洲最大的单体智算中心，可承载约 28 万台服务器，算力规模达 4EFLOPS。未来 AIGC 对智能算力的需求将更加强劲，GPU、FPGA、ASIC 等底层硬件中包含的智能算力价值将被重塑。

（3）数字孪生

数字孪生是充分利用物理模型、传感器更新、运行历史等数据，集成多学科、多物理量、多尺度、多概率的仿真过程，在虚拟空间中完成映射，从而反映相对应的实体装备的全生命周期。数字孪生的技术体系如图 11-8 所示。

国外关于数字孪生的技术理论体系较为成熟，当前已在一些工业领域实际运用。国内数字孪生技术处于起步阶段，研究重点还停留在理论层面。数字孪生技术目前呈现出与物联网、3R［增强现实（Augmented Reality，AR）、虚拟现实（Virtual Reality，VR）和混合现实（Mixed Reality，MR）］、边缘计算、云计算、5G、大数据、区块链及人工智能等技术深度融合、共同发展的趋势。

图 11-8　数字孪生的技术体系

　　智能算力可以支持数字孪生模型的建模、仿真和优化，并推动其在行业中的广泛应用。从技术的角度来看，通过云计算、大数据分析和机器学习等，智能算力能够处理和分析大规模的数据，并生成高度精确的数字孪生模型。同时，智能算力还能够实现实时的数据同步和模型更新，提高数字孪生系统的性能和可靠性。从行业应用的角度来看，智能算力在数字孪生领域已经得到广泛应用。例如，在制造业领域，智能算力能够建立物理系统的数字孪生模型，并通过数据监测和算法优化提高生产效率和质量；在城市规划和交通管理方面，智能算力能够建立城市的数字孪生模型，优化交通流量和环境布局；在医疗领域，智能算力能够创建人体的数字孪生模型，辅助手术方案和医学研究。

（4）边缘智能

边缘计算和人工智能彼此之间相互赋能催生了新的研究领域——边缘智能。边缘智能布局架构如图 11-9 所示。

图 11-9　边缘智能布局架构

边缘计算将计算、存储、网络及安全等能力扩展到物联网设备附近的网络边缘侧，而以深度学习为代表的人工智能技术使每个边缘计算的节点都具有计算和决策的能力，因此，某些复杂的智能应用可以在本地边缘端进行处理，满足了敏捷连接、实时业务、数据优化、应用智能、安全与隐私保护等方面的需求。在边缘智能中，边缘计算为人工智能提供了一个高质量的计算架构，对一些时延敏感、计算复杂的人工智能应用提供了切实可行的运行方案。目前，边缘智能正深入推动智能制造、智慧交通、云游戏等应用的发展，为全面提升智能化水平提供了重要保障。

（5）推荐系统

推荐系统是一种信息过滤系统，可以很好地解决信息过载问题，提高信息的利用率。推荐系统是整个推荐过程的关键部分，根据推荐需求，结合建立的用户模型，将最符合用户偏好的物品推荐给用户。推荐系统应用于各行各业，推荐的对象包括电影、音乐、新闻、图书、学术论文、搜索查询、分类等。通过分析和理解用户的行为和兴趣，为用户提供个性化的推荐服务，提高用户满意度和平台的业务价值。其主要应用包括协同过滤、深度学习、强化学习、自然语言处理等方面。

智能化是推荐领域发展的趋势，当前推荐系统与深度学习、知识图谱进行结合。例如基于深度学习的推荐，深度学习的优势在于表达能力强，能够挖掘出更多数据中潜藏的模式，并且结构十分灵活，可根据不同推荐场景或不同特点的数据来进行调整。因此，对用户购买意向、阅读习惯、浏览需求等信息进行深度学习并进行预测性分析，不仅能帮助企业实现智能决策，还可以提高推荐的准确度，进而优化用户体验，实现定制化服务，使产品、服务的营销方案更符合市场需求。

（6）语音识别

语音识别技术就是让智能设备听懂人类的语音，其涉及数字信号处理、人工智能、语言学、数理统计学、声学、情感学及心理学等多个学科。这项技术可以提供多项应用，例如自动客服、自动语音翻译、命令控制、语音验证码等。随着人工智能的兴起，语音识别技术在理论和应用方面都取得较大突破，主要应用领域包括语音识别听写器、语音寻呼和答疑平台、自主广告平台，智能客服等。语音助手是人工智能语音识别的典型应用之一，例如苹果的 Siri、亚马逊的 Alexa、谷歌的 Google Assistant 等，在手机、智能音箱等设备上被广泛使用。智能音箱通过语音识别技术，实现与用户的交互。另外，许多公司在客服中引入语音识别技术，可以通过自动语音识别和自然语言处理技术，实现自动化的客户服务。语音翻译技术可以将语音实时转换为文字，并进行翻译，实现跨语言交流。人工智能语音识别技术在准确性和稳定性上已经取得了显著进步，但仍面临一些挑战，例如环境中的噪声干扰、不标准的语音识别率、容错率的处理等问题。随着技术的不断创新和发展，人工智能语音识别将在更多领域得到应用，我国的智能语音识别技术将随着科技的发展逐渐进步，应用到生活的方方面面。

（7）图像识别

图像识别是指利用计算机对图像进行处理、分析和理解，来识别不同模式的目标和对象的技术，是应用深度学习算法的一种实际应用，其应用场景包括电子商务、游戏、汽车、制造业和教育。现阶段的图像识别技术一般分为人脸识别与商品识别，人脸识别主要运用在安全检查、身份核验与移动支付中；商品识别主要运用在商品流通过程中，特别是无人货架、智能零售柜等无人零售领域。成熟的图像识别技术加以人工智能的支持可以自行对视频进行分析和判断，发现异常情况直接报警，带来了更高的效率和准确度；在反恐领域，借助机器的人脸识别技术远远优于人的主观判断。

许多科技集团也开始在图像识别和人工智能领域布局，Meta 签下了人工智能专家杨立昆（Yann LeCun），其最重大的成就是在图像识别领域并提出了以 LeNet 为代表的卷积神经网络，卷积神经网络被应用到各种不同的图像识别任务中取得了不错效果。谷歌的模拟神经网络"DistBelief"学习了数百万份视频，自行掌握了猫的关键特征。

11.2.2.2　行业应用

（1）自动驾驶

自动驾驶，是依靠计算机与人工智能技术在没有人为操纵的情况下，完成完整、安全、有效驾驶的一项前沿科技。从技术的角度来看，人工智能已经可以实现自动驾驶车辆在复杂环境下的感知、决策和控制，通过使用深度学习、机器视觉和传感器融合等技术对道路、交通标志和其他车辆进行实时感知和识别，进而快速做出决策并控制车辆动作。从行业应用的角度来看，人工智能在自动驾驶领域已经得到了广泛应用。例如，人工智能的应用能够帮助车辆实现自动驾驶功能，提高行车安全和驾驶舒适性；人工智能的应用能够实现车辆的协同驾驶和交通流量优化，缓解交通拥堵和环境污染问题。

（2）金融风险评估

神经网络、专家系统、支持向量机及混合智能等人工智能模型在金融风险评估领域的应用能够提高数据处理速度、加深数据分析深度、降低人工成本，从而提升金融风险控制的效能。近年来，无论是传统金融机构、消费金融机构还是互联网金融公司，都在加快智能化系统建设或者对外合作，实现智能化风控。人工智能可以及时有效识别、预警与防范风险，智能反欺诈能够通过分析大量的数据，识别出欺诈行为。机器学习可以通过分析历史欺诈案例，识别出欺诈的模式和规律。当新的欺诈行为出现时，机器学习可以通过匹配这些模式和规律，自动识别出欺诈行为。目前，智能风控面临的挑战主要包括数据的全面性、真实性及数据挖掘效率等。智能风控对大数据和专家系统的依赖性强，只有在正确数据基础之上才能得出正确结论；当数据量很大时，无法有效鉴别数据的真实性及是否被污染。

（3）量化交易

量化交易是指以先进的数学模型替代人为的主观判断，利用计算机技术从庞大的历史数据中海选出能带来超额收益的多种"大概率"事件，从而制定策略并进行交易的过程，其核心是用数学模型或者明确的交易规则指导交易，而不是靠纯主观判断。人工智能可以对海量的市场数据进行分析和预测，识别出潜在的市场趋势和机会。通过机器学习算法，可以自动学习和优化交易策略，根据预测结果和设定的交易策略，自动进行交易决策，并根据市场情况和指标，动态调整交易策略，实现自动下单和及时止损，可以在毫秒级别的时间尺度上进行高频交易。另外，人工智能可以帮助量化交易者进行风险管理，通过对交易风险的预测和监控，提供实时的风险警示和建议。人工智能和量化交易的融合发展推动了智能投顾、量化基金、智能金融等众多领域的发展，例如，中国银行、中国农业银行、浦发银行、华夏基金等金融机构均推出了智能投顾服务。

11.2.2.3　算力需求

一方面，算力需求急剧上升。IDC 预测，到 2024 年，全球数据总量将以 26% 的年均复合增长率增长到 142.6ZB。这些将使数据存储、数据传输、数据处理的需求呈指数级增长，不断提升对算力资源的需求。另外，面向人工智能等场景，大规模的模型训练和推理也需要强大的高性能算力供应。另一方面，算力灵活调度受限。此外，不同应用场景对 AI 算力的精度、能效、速度、交互性、部署方式，以及网络安全、网络带宽的要求各不相同，部分场景难以通过网络实现算力的灵活高效调度，无法满足人工智能推理和训练需求。

相应的解决方案：一是通过构建智算中心、超级计算中心及云计算中心实现对大算力业务的资源供给，还可以通过网络将数据源周围闲散算力（云计算、边缘计算等）调度以弥补大型科学装置的算力缺口。二是提高算力使用效率，例如算网协同优化 AI 计算效率，算力服务结合人工智能技术推动算力资源的精准配置和按需获取。三是发展可扩展、自演化、高可靠和安全的新型网络架构，促进数据的处理与流通。四是建立统一的算力调度平台，形成覆盖全国、互联互通的算力调度服务体系和平台基础框架，实现对全网算力资源统一编排、统一输入 / 输出。

11.2.2.4 能耗

人工智能算法高算力需求会导致大量能源消耗，人工智能训练和推理需要大量的计算资源。随着 AI 算力的逐步提升，能耗和成本也在逐渐增加。一是芯片能耗，高性能计算设备在运行过程中会产生大量热量，芯片是集成超大规模电路，随着晶体管密度和时钟频率的提高，芯片功耗大幅增加。同时，电源电压和阈值电压的降低会导致漏电流增加。二是系统级能耗，功耗过高会导致芯片温度升高，需要进行散热和冷却，为了维持设备的温度在可承受的范围内，需要消耗额外的能源来驱动冷却系统。

相应的解决方案：一是针对算力基础设施风火水电的节能。算力基础设施建设前优先考虑算力中心的地理位置，例如，亚马逊、谷歌倾向于将数据中心建在天气寒冷的爱尔兰；微软将数据中心建在海里，依靠海水的温度来为数据中心降温。在建完算力基础设施后，推动数据中心采用液冷技术来满足服务器大功耗高密度部署带来的散热需求，液冷技术具有比热容大、散热效率高、降低能耗等优点。目前，浸没、喷淋、冷板等液冷主要部署方式已有市场应用。二是针对业务层面的合理安排调度，寻找在时间上相互匹配的业务。例如，优先处理用户驱动型业务，并在计算资源闲时处理结果驱动型业务，充分发挥算力资源的能力，提高资源的使用效率。另外，在技术层面使用弹性扩缩容等技术，在计算资源闲时关闭部分服务资源来节约能耗。

11.2.2.5 算法复杂度

智能算力应用场景复杂化，数据量及算法的复杂度急剧增加，运行相应程序所需要的时间和空间（内存）资源不断攀升。计算规模从单机到集群再到大规模云计算，呈指数级增长，计算架构从单一通用架构"CPU+GPU"到混合异构架构"CPU+GPU+FPGA+xPU"。在系统环境方面，从单一用户、单一场景解决发展到现在多个用户、多个场景复杂环境的构建，数据规模和模型复杂度的增加导致空间复杂度可能变得较高，会出现计算时间变长而效率变低的问题。一些复杂的算法在执行过程中，需要大量的内存空间来存储数据和中间的运行结果，但因设备或平台的资源有限，在计算过程中进行高效地存储和处理访问数据成为巨大挑战。

相应的解决方案：一是积极进行算法优化研究，通过优化算法的设计，减少算法的时间复杂度和空间复杂度。可以使用更高效的数据结构、减少循环次数、适当使用缓存等技术来提高算法性能，采用并行计算、分布式计算等技术加速算法的执行。二是数据压缩和存储优化，对于用算法处理的数据，可以使用压缩算法进行数据压缩，减少数据的存储空间和传输时间。同时，优化数据的存储结构，选择合适的数据类型和存储方式，减少内存占用和访问时间。三是利用机器学习和自动化等人工智能技术，对算法执行过程进行学习和调优，提高算法的执行效率。可以使用机器学习算法来寻找最优的算法参数，自动调整算法的执行策略，提供更高效的算法解决方案。

11.2.2.6　数据隐私和安全

智能算力的发展使大规模数据的收集和处理变得轻松，如何在保护用户隐私的前提下，充分利用数据进行算法训练和应用，是当前需要解决的难题。一方面，人工智能系统需要通过大量的数据训练和学习，这些数据可能包含个人身份信息、偏好等敏感信息，如果这些数据被泄露，可能会出现个人隐私暴露和身份被盗窃等问题。另外，人工智能系统能够通过分析大量数据来预测和识别个人的行为模式和习惯，但这种大规模监控是否侵犯了个人的隐私权还需要认真评估。人工智能系统采集的数据可能被恶意利用来进行广告定位、骚扰、诈骗等，若人工智能系统存在安全漏洞，则非法入侵者可以利用这些漏洞来入侵、篡改或者破坏系统，将会造成重大的安全事故。

相应的解决方案：一是构建以数据为中心的数据安全治理平台。具体包括建立数据安全风险感知体系，可实现对数据的态势可知、威胁可现、风险可控；通过身份认证、权限管理、安全审批、安全审计、安全感知和安全策略控制打造完整的零信任安全机制；建设数据质量管理智能平台，建立数据质量核验任务，自动完成数据质量规范性、一致性、准确性和完整性的检查。二是加快标准研制和试点推广工作。研制人工智能安全参考框架、数据集安全、数据标注安全、开源框架安全、应用安全和安全服务能力要求等标准；同步开展人工智能基础性标准研究工作，研究应用安全风险评估类标准及智能制造、智能网联汽车等重点人工智能产品和服务类安全标准，逐步推进其他领域人工智能安全标准的研究工作。

11.2.2.7　生态合作

AI、物联网、大数据等技术的注入将促使细分场景的应用以指数级增长，智能算力的应用涉及多个领域，包括人工智能研究、软硬件开发、数据科学等。智能算力的持续发展需要跨领域的合作和资源共享，各个领域的标准和技术往往不统一，缺乏相互操作性。另外，智能算力产业涉及多个环节和参与方，包括算力提供方、应用开发方、数据提供方等，如何有效管理供应链，保证各方的合作效率和利益平衡是一大问题。要在实际应用中将算力真正转化为生产力，还需要多种因素支撑，当前仍面临使用门槛有待提高、融合技术有待突破、场景应用有待优化等问题。

相应的解决方案：一是上下游建立合作伙伴关系，创新合作模式。与相关领域的企业、机构建立合作伙伴关系，共同推动算力的发展，可以通过合作共享资源，实现互利共赢的合作关系，例如，建立联合研发中心、共享经济平台，组建产业联盟等。二是构建开放的计算平台，为上下游合作伙伴提供统一的接口和标准，方便资源对接和共享。三是制定统一的行业标准，规范算力提供方和使用方之间的合作流程和要求。四是政府出台

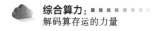
相应的政策和规划，促进算力上下游合作的发展。鼓励企业进行技术创新和合作，推动算力生态的健康发展。

11.3 智能算力未来发展趋势

11.3.1 人工智能加速渗透，多样化场景催生多元化算力需求

人工智能在各行各业的应用离不开海量数据的处理、存储和云化，随着 5G 商业化进程加速、流量持续增长，云计算和边缘计算需求会继续增加，从行业趋势和应用需求来看，多样性计算时代正在到来。IDC 预测，在数字智能创新阶段，数字化普及率将上升到新的高度，应用规模将从百万级上升到千万级，连接数上升到百亿级，智能算力将成为基础能力，这一阶段的显著特点使传统单一架构难以满足算力需求，驱动计算架构向多样性发展。源于多种数据类型和场景驱使计算架构进行优化，多种计算架构的组合是实现最优性能计算的必然选择。其中，边缘侧需要 AI 算力，数据中心侧要处理和存储海量数据，需要高并发、高性能，特别是高吞吐的算力。未来智能算力将向多元化发展，并提供更高的计算性能。

11.3.2 政策驱动，智能算力低碳发展成硬性要求

传统的计算和数据处理方式往往需要大量的能源消耗，并且会产生大量的碳排放，而采用低碳算力可以显著减少碳排放量，降低其对环境的影响。有研究结果证明，训练一个 AI 模型消耗的能耗等于 5 辆汽车寿命周期的碳排放总量。国家发展和改革委员会印发的《贯彻落实碳达峰碳中和目标要求推动数据中心和 5G 等新型基础设施绿色高质量发展实施方案》，以及上海市、甘肃省、云南省、江苏省等地出台的数据中心相关政策文件，都对数据中心绿色低碳发展提出明确要求。算力基础设施碳排放相关标准

已逐步制定和发布。在数据中心低碳等级评估中，电信基础运营商、第三方数据中心企业和科技企业的 20 余个数据中心已经通过测试评估，绿色低碳发展已成为各级政府的关注焦点和建设推进的基本要求，面对全球对减少碳排放和应对气候变化的呼吁，低碳算力将成为我国算力发展的重要方向。

11.3.3　智算中心建设加速，应对高质量算力需求

智算中心以异构计算资源为核心，通常面向人工智能训练和推理的需求。因其专用性，在面向人工智能场景时其性能和能耗更优，借助"人工智能芯片＋算力"机组的强强组合，算力可以实现指数级别的提升。另外，智算中心有利于提高算力安全的可用性，从算力卡到服务器自主打造整个算力"底座"的核心部件不仅针对性更强、效率更高，还具有自主可控、安全可靠的特性，更能确保智算中心安全稳定运行。智算中心从早期实验探索逐步走向商业试点，随着我国各类人工智能应用场景的丰富，智算需求将快速增长，预期规模增速迅速爆发。未来的智算中心建设将采用多元开放的架构，兼容成熟主流的软件生态，支持主流的 AI 框架、算法模型、数据处理技术和广泛的行业应用。

11.3.4　模型规模不断扩展，海量多元化数据亟需巨量化算力

目前，谷歌、微软、华为、阿里巴巴、腾讯、百度等相继推出了各自的巨量模型，未来将有更多的巨量模型出现。通过大规模数据训练超大参数量的巨量模型，是实现通用人工智能的一个重要方向。模型规模的扩展可以提供更大的计算资源和存储能力，帮助算法实现更复杂的学习和推理过程，并提高算法的通用性和迁移能力。随着人工智能应用范围的不断扩大，未来，人工智能模型的规模将进一步扩展。

大模型主要集中在自然语言处理领域，多模态任务领域也有一定突破。随着大模型基础设施和垂直行业领域小模型应用的发展，围绕上中下游将

产生丰富的大模型产业链，大模型将更广泛地赋能各行各业应用。面向未来，基于多种网络数据预训练，具有智能决策能力的大模型将是下一步发展的重点。大模型加速社会各领域数字化转型及智能化发展，未来需要更强大的算力来进行训练和推理，以应对更复杂的人工智能任务。

11.3.5 自主学习能力提升，推动算力实现更高层次智能

随着人工智能技术的不断进步和应用需求的增加，算法具备自主学习的能力将成为推动智能算力发展的关键因素。传统的算法通常需要人工设计和调整，适用于特定的任务和数据，而具备自主学习能力的算法能够通过分析和处理数据，自动调整模型参数，优化学习策略，从而适应不同的任务和数据场景，提高算法的适应性和灵活性。通过应用具备自主学习能力的算法，智能系统可以从海量的数据中提取有价值的信息和知识，实现自主的决策、学习和创新。另外，目前的人工智能模型通常需要大量的标注数据进行训练，会耗费大量的人力和时间成本，而随着强化学习、迁移学习等技术的发展，模型可以更好地从少量数据中提取知识，并进行迁移和泛化，从而减少对大规模标注数据的依赖。

11.4 智能算力发展展望与建议

11.4.1 智能算力发展展望

智能算力需求爆发。当前，人工智能技术正加快融入千行百业，超大规模人工智能模型和海量数据对算力的需求也持续攀升。例如，云游戏、元宇宙、VR/AR 等新应用场景加速照进现实，算力需求旺盛，而大模型的训练和推理过程进一步带动算力需求爆发，同时也推动算力需求由通用性 CPU 算力向高性能 GPU 算力发展。IDC 预测，中国智能算力规模将持续高速增长，

预计到 2026 年，中国智能算力规模将达到 1271.4EFLOPS，未来 5 年复合增长率达 52.3%，同期通用算力规模的复合增长率为 18.5%。2019—2026 年中国智能算力规模如图 11-10 所示。

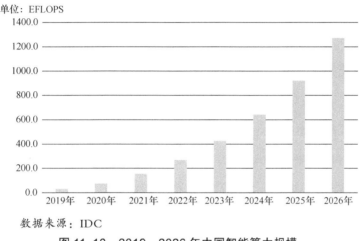

数据来源：IDC

图 11-10　2019—2026 年中国智能算力规模

　　智能算力赋能千行百业。随着人工智能技术的持续突破，智能时代将加速到来。从技术上来看，人工智能与其他数字技术将会有更广泛融合、碰撞，拓宽例如"AI+ 量子计算、AI+ 区块链、AI+5G、AI+AR/VR"等人工智能应用场景。从应用领域来看，人工智能将赋能各行各业，广泛获得更加多元的应用场景和更大规模的受众。AI 已经渗透工业、医疗、智慧城市等领域，未来会有更多产业与智能技术进行创新融合，催生出更多新业态、新模式。从支撑能力来看，依托坚实的智能算力支撑，人工智能技术将逐渐转变为像网络、电力一样的基础服务设施，向全行业、全领域提供通用的 AI 能力，为产业转型打造智慧底座，促进产业数字化升级和变革，生物医药、天文地理等科技领域将产生一大批新的研究成果，智能驾驶、影视渲染水平的大幅提升，使大众在日常生活中能够切身体会到算力带来的变化。

11.4.2　智能算力高质量发展建议

随着新一轮科技革命和产业变革的深入发展，人工智能将渗透各行各业，智能算力在赋能产业发展、促进数实融合方面将发挥更加显著的作用，其带动产业创新的"乘数效应"也将进一步放大，在未来数年内将为各领域创新发展注入新的活力。目前，智能算力还面临诸多挑战，一方面，海量数据呈指数级增长，数据在加速流动；另一方面，高算力需求还存在能耗高、算法越来越复杂、数据隐私和安全性等多方面的挑战和问题，应出台相应政策推动相关产业的发展。

产业方面，在国家战略层面制定规划，多举措推动智能算力健康有序发展。第一，加强我国人工智能芯片的研制。制定人工智能芯片国家发展战略，系统推进人工智能芯片产业发展，"产、学、研、用"联动，推动成果转化，形成人工智能芯片良好发展的产业生态。**第二，构建统一的人工智能算力服务中心和孵化平台。**解决算力昂贵、算法软硬不解耦、传统应用场景算法众多、选择难、新应用场景算法缺乏生态支撑等问题。**第三，加强资金支持。**引导国家允许基金和市场化的社会资本有序、持续地进入，国家资本市场监督和管理部门有倾向性地对智算相关企业予以更多政策支持。**第四，多措并举推进绿色智能算力发展。**加强节能降碳技术创新应用，推动液冷、蓄冷、高压直流、余热利用、蓄能电站等技术在算力基础设施建设中推广应用，同步提升太阳能、风能等可再生能源的利用水平。

技术方面，加大对智能算力领域的技术研发投入，加大创新攻关。将计算机视觉、自然语言处理、机器学习等各类智能算力技术进行整合，实现多模态的算力开发，提供更丰富的智能应用。加快推进软硬件适配，提高计算效率和资源利用率，针对不同的应用场景，研发更优化的算法，提供更多高性能、高效能的算力解决方案，鼓励跨领域的技术创新发展可扩展、自演化、高可靠和安全的新型网络架构，通过新型网络架构实现数据资源与算力需求的敏捷对接和智能匹配。构建从智能芯片到算法框架，从行业大模型到应用的"一站式"产业链，加快人工智能发展。

标准方面，加快推动开放标准建设，将多元化算力转变为可调度的资源。促进各部门间的协同合作，共同制定智能算力的技术标准和规范，推动行业的规范化和标准化发展。建立和完善智能算力数据安全的标准体系，保障用户数据的隐私和安全，加强对个人信息的保护。建立公平、公正的竞争机制，推动产业链中各环节的公平竞争，促进整个智能算力产业的健康发展。

第六部分

算力调度篇

12 算力调度分析

12.1 算力调度概述

12.1.1 算力与异构算力

算力是服务器通过对数据进行处理后实现结果输出的一种能力，最常用的计量单位是 FLOPS。算力主要包括通用算力、智能算力、超算算力、边缘算力这 4 类。其中，通用算力以 CPU 芯片输出的计算能力为主；智能算力以 GPU、FPGA、AI 芯片等输出的人工智能计算能力为主；超算算力主要以超级计算机输出的计算能力为主；而边缘算力主要以就近为用户提供的实时计算能力为主，也是以上 3 种算力形式的组合。

异构算力是指 CPU、GPU、FPGA、ASIC 等多种算力协同的处理体系，能够满足不同场景中的应用需求，实现计算效力的最大化。在市场需求的驱动下，算力的发展一方面呈现出多样性，打破传统的单一架构的算力形态，实现了异构算力以应对不同场景下的数据处理应用；另一方面又呈现出异构算力下的能力开放和统一管理，无论是芯片厂商还是平台厂商，目前都围绕自身的产品系统，将底层的异构算力能力进行融合，从而吸引更多的产业链上下游企业共同打造生态环境。

12.1.2 算力网络与算网融合

算力网络是一种根据业务需求，在云、网、边、端之间按需分配和灵活调度计算资源、存储资源和网络资源的新型信息基础设施。它的本质是一种算力资源服务，为企业客户或个人用户提供网络和云资源，以及灵活的计算任务调度。

算网融合以通信网络设施和计算设施的融合发展为基础，通过计算、存储及网络资源统一编排管控，满足业务对网络和算力灵活泛在、弹性敏捷、智能随需应用需求的一种新型业务模式。算网融合能够解决现有 TCP/IP 网络体系结构存在的技术瓶颈，增强泛在算力一体化管理能力，满足业务场景对于低时延、高可靠的网络需求。随着网络云化、云网融合趋势的不断加强，算网融合成为云网融合发展重要阶段，其技术创新主要体现在新架构、新协议和新度量 3 个方面。在架构方面，由算、存、网分离，向算、存、网深度融合演进。在协议方面，由网络调度，向网络和计算联合调度优化演进。在度量方面，由网络性能度量，向算力度量体系演进。

12.1.3 算力调度

算力调度是指通过对不同业务的算力资源和算力需求进行匹配，使合理的算力去处理相应数据的一种方式。算力调度是高效利用算力资源的关键。算力调度更多是指调用合理的算力去处理相应的数据。

目前，算力调度存在许多问题，例如，算跨 AI 框架的应用无法直接调度，需要应用代码迁移；算法适配具有高度的专有性，不同的加速芯片适配技术复杂多样；跨厂商的作业调度生态支持能力弱，异构芯片适配标准不统一等。

12.2 算力调度技术研究

12.2.1 跨区域算力调度技术

跨区域算力调度以算网大脑作为算力网络的核心系统，重点构建分层分域管理的算网架构。

通过专网构建跨区域分布式算网大脑。分层算网大脑架构在总部部署总部中心算网大脑，分布式控制调配全网算力资源。同时，在省内部署区域中心算网大脑，实现区域的集中控制、本地优先。总部中心与各省的算网大脑通过专用网络实现算力协同，共同构成覆盖全国的超级分布式算网大脑。算力分层分级调度如图 12-1 所示。

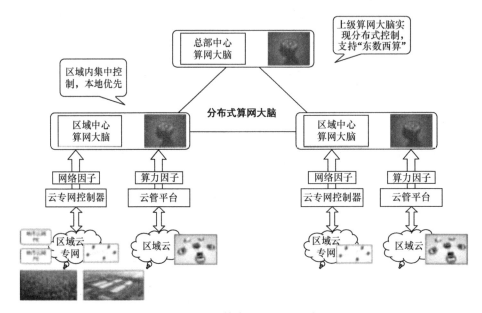

图 12-1　算力分层分级调度

算网大脑基于开放资源矩阵进行算网地图建模。基于算网请求的多维约束条件和权重矩阵动态并行计算 Top N 候选结果，然后以资源利用率、成本、能耗等多个目标进行求解后得到最终优选的算网，并建立网络路径和流量引流，最终实现算网资源双均衡效果。算网地图建模如图 12-2 所示。

全国范围集中管控算力资源带来巨大的计算量需求，需要从算力资源和管理方面集中评估算力资源的调配。在跨省调度效益方面，跨省资源选择"东数西算"枢纽资源，而社会泛在算力资源只在省内调度，可确保跨省调度效益最大化。在管理方面，将路径计算分成用户所在省、全国骨干网、云资源所在省这 3 段，算力评估时各自计算路径，提高效率、优化管理流程。

不同厂商的网络设备实现互通可有效助力算力网络需求匹配。其中一种有效的方法是，复用现有的通用网络协议。该协议主要实现两大目标：一是有效降低对路由器软件和性能的要求；二是尽可能少地对路由器进行改造，从而充分利用现有资源，降低迭代、运维成本，加快算力网络落地进度。

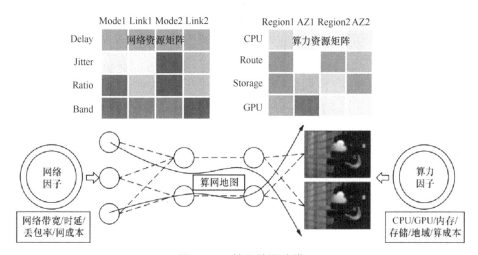

图 12-2　算网地图建模

12.2.2　闲置算力调度技术

海量闲置算力的调度技术，重点聚焦方法研究，重点聚焦于闲置算力的调度方法和集群调度器的分类两个方面。

（1）闲置算力的调度方法

空闲算力调度模型分为统一调度（Monolithic）、两级调度（Two-Level）、共享状态调度（Shared State）。

① 统一调度：通过集群状态信息，负责统一的资源和任务的调度。统一调度也称为云计算中的调度，属于静态资源分区调度方式，是资源集合

的全面控制。部署在专门的、静态划分的集群的一个子集上，或把集群划分为不同的部分，分别支持不同的行为。

② 两级调度：通过资源动态划分，使用中央协调器来确定每个子集群可以分配的资源，每个子调度器不具备全局资源视图，只是被动地接收资源，中央协调器仅将可用的资源推送给各个框架，各框架自主选择使用或拒绝这些资源。一旦框架接收新的资源，再进一步将资源分配给其内部的各个应用程序，即调度策略下放到各个应用程序调度器，进而实现双层调度。

③ 共享状态调度：系统同时存在多个调度器，每一个调度器都可以访问整个集群状态，共享全局资源视图，当多个调度器同时更新集群状态时，使用乐观锁并发控制。

（2）集群调度器的分类

① 统一调度架构典型系统

Kubernetes：一个容器集群的编排管理系统，主要面向跨 Docker 主机场景之下容器集群的统一管理，用于自动部署、扩缩和管理容器化应用程序，提供资源调度、部署管理、服务发现、扩容缩容、监控、维护等一整套功能。

Borg：谷歌自研的一套资源管理系统，用于集群资源管控、分配和调度等。通过准入控制，高效的任务打包，超额的资源分配和进程级隔离的机器共享，来实现超高的资源利用率。能够支持高可用应用，并通过调度策略减少出现故障的概率。

Swarm：Docker 公司的一套管理 Docker 集群的工具。架构包含 Manager 和 Node，Manager 是 Swarm Daemon 工作的节点，包含调度器、路由、服务发现等功能，负责接收客户端的集群管理请求，然后调度节点进行具体的容器工作，例如，容器的创建、扩容与销毁等。

Torca：腾讯 Typhoon 云平台的关键系统。一个 Torca 集群由一个 Central Manager 和若干个 Execute Server 组成。Central Manager 是集群任务

调度中心，Execute Server 接收任务并负责相应执行。

伏羲：阿里巴巴"飞天"云计算平台的分布式调度系统，有资源调度和任务调度分离的两层架构。该系统主要负责集群资源管理和任务调度，支持超大规模、水平扩展，提供优先级、抢占、Quota 等灵活的资源调度功能。

② 两级调度架构典型系统

Mesos：Apache 的开源分布式资源管理框架，通过在多种不同框架之间共享可用资源来提高资源使用率，包括 Mesos 资源管理集群和框架两个部分。资源管理集群是由一个主节点和多个从节点组成的集中式系统，框架负责任务的管理与调度，主要的资源分配算法是最大最小公平算法和主导资源公平算法。

Yarn：一种新的 Hadoop 资源管理器，也是一个通用资源管理系统和调度平台，主要面向大数据计算，可为上层应用提供资源管理和调度，为集群在利用率、资源统一管理和数据共享等方面带来了巨大便利。Yarn 由 Resource Manager、Node Manager、Container 和 Application Master 组成，是一个典型的多级调度。

③ 共享状态调度架构典型系统

Omega：谷歌下一代资源管理系统。基于共享状态的策略，每个调度器拥有全局资源视图，具有整个集群全部负载信息的完全访问权限。Omega 中的"元调度器"维护着一个全局共享的集群状态，而每个调度器也具有一个私有集群状态副本。

Apollo：微软已经部署在微软实际生产环境中的集群调度系统，负责上万台机器百万计的高并发计算任务的调度和管理。每个调度器拥有全局资源视图，具有整个集群的完全访问权限。

Nomad：Hashicorp 开源公司推出的一款分布式、高可用的开源集群管理工具，通过"Plan Queue"来维持一个全局共享的集群状态；专为微服和批量处理工作流设计，支持所有主流操作系统，以及虚拟化、容器化或独立应用，现已在生产环境中使用；支持跨数据中心跨区域数千节点的高扩展和任务调度。

12.2.3 超算算力调度技术

超算算力调度技术主要用于解决多资源匹配问题，通过调度超算的带宽、CPU/GPU、软件资源，满足用户对于计算功能、时延、带宽的各类需求。

（1）算力调度平台架构

超算算力调度平台架构主要采用上下层两级架构。上层部署总部中心算力调度系统，用于管理各省的子系统，包括运营系统和边缘云管控力系统；下层部署各省内区域算力调度子系统，同样包括两层，上层为运营系统和边缘云管控力系统，下层包括边缘云基础设施资源层、硬件资源层、虚拟层、软件资源层、云平台管理等部分。算力平台架构如图 12-3 所示。

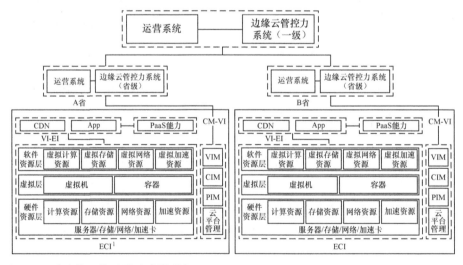

注 1. ECI（边缘云基础设施资源层）。

图 12-3　算力平台架构

超算平台管理架构包括服务管理层、调度分发层、算力服务层 3 个部

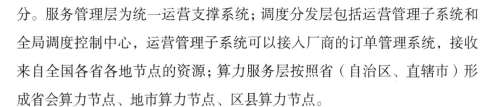

分。服务管理层为统一运营支撑系统；调度分发层包括运营管理子系统和全局调度控制中心，运营管理子系统可以接入厂商的订单管理系统，接收来自全国各省各地节点的资源；算力服务层按照省（自治区、直辖市）形成省会算力节点、地市算力节点、区县算力节点。

（2）超算中心主流 HPC 调度器

基于 HPC 场景的集群任务调度的主流调度器有 LSF、SGE、PBS 和 Slurm 4 类。不同行业采用不同的调度器，高校和超算中心常用 Slurm，半导体公司常用 LSF 和 SGE，工业和制造业领域多采用 PBS。

在使用范围上，LSF 用于科学计算和企业的事务处理。功能上，LSF 除了一般的作业管理特性，还在负载平衡、系统容错、检查点操作、进程迁移等方面力图实用。LSF 系统主要包括用于商用的 Spectrum LSF、Platform LSF 和开源的 OpenLava 3 款调度器。其中，仅有 Spectrum LSF 支持 Auto-Scale 集群自动伸缩功能，同时还可以通过 LSF resource connector 实现溢出到云，支持的云厂商包括 AWS、Azure、Google Cloud。

SGE 能用于查找并利用资源池内的闲置资源，用于一些通常事务，例如，管理和调度作业到可用资源中。用户可通过 Univa 产品 Navops Launch 把工作负载移到云端，并支持 UGE 和 Slurm 集群。同时，Navops Launch 支持 AWS、Azure、Google Cloud 等云厂商，并能进行云端费用监控和 Auto-Scale 集群自动伸缩。

PBS 多用于便携式批处理系统接收批处理作业。PBS 只能在作业执行后，将作业结果返回给提交者。目前，PBS 包含开源免费的 OpenPBS、商业付费的 PBS Pro 和 Torque 3 种分支。PBS Pro 支持可视化界面，支持的云厂商包括 AWS、Azure 和 Google Cloud。Moab/TORQUE 则可以通过 NODUSCloud OS 产品实现本地扩展到云，支持 TORQUE 或 Slurm 集群和自动伸缩，可支持的云厂商包括 AWS、Azure、Google Cloud 和华为云，并通过 Account Manager

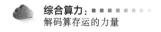

产品实现云端费用监控。

Slurm 是一种可用于大型计算节点集群的高度可伸缩可容错的集群管理器和作业调度系统。Slurm 以一种共享或非共享的方式管理可用的计算节点（取决于资源的需求），供用户执行工作，被世界的超级计算机和计算集群广泛采用。Slurm 会为任务队列合理地分配资源，并监视作业至其完成。Slurm 拥有容错率高、支持异构资源、高度可扩展、开放框架可配置度高、适用性强等优点。

12.2.4 边缘算力调度技术

边缘算力调度是基于云原生的资源调度机制，主要采用轻量化、多集群的分级边缘资源调度方案进行算力资源的调度。

（1）调度技术与算法现状

在技术方面，对于算力网络架构，现有调度方案主要采用基于云原生的资源调度机制来实现轻量化、多集群的分级。其中，资源调度和管理平台是以 Kubernetes 为主的容器云来实现对资源的调度编排和统一管理。对于算力网络资源调度，一方面，采用轻量级的容器调度平台，适配于开放嵌入式边缘计算集群；另一方面，实现对统一多集群的边缘计算集群的统一管控和动态扩缩容的资源弹性调度。

在算法方面，一类算法是基于业务模型和用户规模双因子估算，另一类算法是把终端设备和边缘计算设备绑定。这两类现有调度算法的技术缺点包括：在存储、加密解密、图像识别和 VR 视频渲染等方面操作烦琐；无法满足较短周期算力需求的估算要求；不能灵活分配和调度算力，一方面高级别的业务算力需求得不到充分满足，另一方面低级别的业务因算力需求不足而造成浪费。

（2）边缘算力调度技术架构

在系统架构方面，基于"Kubernetes+K3s"两级联动实现统一的边缘侧资源调度管理，即边缘计算节点侧采用传统 Kubernetes 云原生实现资源纳管，同时负责底层嵌入式终端集群的注册和管理等统一多集群调度管理，而前端嵌入式终端集群则采用更加轻量级的 K3s 云原生平台实现资源管理。边缘调度系统技术架构如图 12-4 所示。

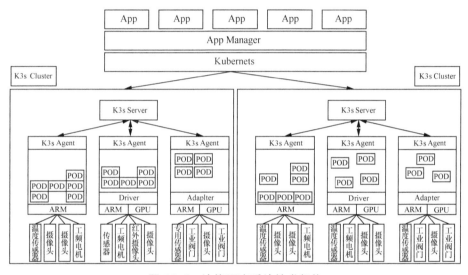

图 12-4　边缘调度系统技术架构

在容器部署方面，各厂商结合自家的专用芯片推出了相应的解决方案，通常的技术架构是采用"微控制单元（Micro Control Unit，MCU）+专用芯片"架构，基于 MCU 的嵌入式操作系统提供驱动层或者系统适配层，用于专用芯片的资源访问接口，提升资源调度能力，并通过插件方式实现 Kubernetes 对专用芯片资源的调度和适配。在边缘计算场景下，专用芯片在算法训练、推理和硬件编解码等方面更具优势，可以用来执行算力。

（3）典型应用场景

在众多垂直行业的新业务中，时延、带宽和安全这 3 个方面对边缘算

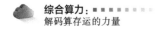

力调度的需求较为明显。目前,智能制造、智慧城市、直播游戏和车联网这4个垂直领域对边缘计算的需求最为明确。

智能驾驶业务场景下应用。一方面,车载系统在保证低时延的数据处理需求的情况下,需要尽可能地保证在本地处理数据和控制,同时需要通过边缘计算等实现云端资源和策略调度的协同,例如,智能路灯等信号的处理和反馈;另一方面,由于车载系统本身的计算和存储能力有限,需要基于K3s等轻量级的资源调度系统来实现车载系统的资源管理和应用运行。智能驾驶业务场景下的应用如图12-5所示。

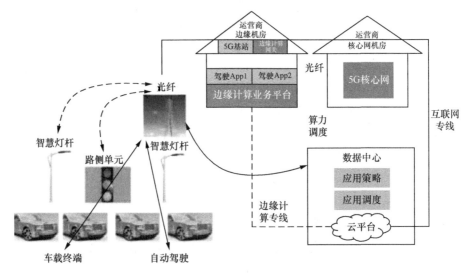

图12-5 智能驾驶业务场景下的应用

12.3 现有算力调度平台分析

12.3.1 中国联通算力调度平台

平台概述:能够实现对公有云、私有云、算力及网络资源的统一调度,在"云-网-边"之间按需分配,端到端智能调度算网资源,满足不同行业应用场景对算网的需求。

调度机制：基于边缘云进一步下沉算力，引入智能算力网关，通过 SD-WAN 链接边缘云和智能算力，并基于 SRv6 技术实现应用、网络的统一编排和可编程调度执行功能，构建面向云、网、算、业一体的算力网络管理编排架构和算力网络可编程调度体系，并制定南北向接口规范、测试标准等，支撑集团相关系统开发及部署，实现算网统一管控、协同编排和灵活调度，支持对中心云、边缘云，以及在网算力、端算力等的端到端一体化编排调度能力。

应用情况：中国联通算网一体化编排调度平台及基于该平台开发的"云－网－边"一体产品提供方便快捷的一站式算网融合服务。目前，该产品已在江苏、河北、上海、福建、重庆等地的分公司进行试点，覆盖工业互联网、智慧交通、教育、能源等多个行业和领域。

12.3.2 中国电信算力调度平台

平台概述：实现 3.1EFLOPS 全国算力的调度。平台构建的算网大脑是把多个数据中心和网络统一调度，根据应用的特征和实际的业务量，自动分配最合适的数据中心，自动调配算力资源和网络资源，实现业务体验和资源成本最优化。平台可对边缘云、中心云、第三方资源等全网算力进行统一管理和调度，具备算力感知、算力注册、算力映射、算力建模等能力，通过 AI 模型从实时业务预测未来的业务分布情况，基于网络编排、算力编排优化资源分布，最终将业务牵引到最适合的节点，满足不同业务的算力需求。

平台架构：平台提供多样化、差异化的算力产品形态，满足从中心到边缘的多样化算力场景，产品形态包括 ECK 专用算力集群、ECK 托管算力集群、Serverless 边缘分布式容器、边缘容器实例、边缘函数、批量计算等。自研的算力调度引擎可以实现对算力资源的统一管理、统一编排、智能调

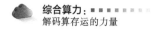
度和全局算力资源优化。

应用情况：在全国范围内实现每分钟数万次、每天上千万次的算力统筹和调度，满足各种领域对算力的极致需求。把东部需要进行的机器学习、数据推理、智能计算等 AI 训练和大数据推理的工作放到西部计算，自动配置和调度相应算力；把东部对时延不敏感的、不活跃的、需要存档的海量数据放在西部存储。通过"息壤"，实现"东数西算""东数西训""东数西备""东算西也算""东部企业西部上云""云渲染""跨云调度""性能压测""混合云 AI 计算"等多种应用场景。

12.3.3 中国移动混合算力感知调度AI平台

平台概述：平台整体由 1 个中心节点，N 个边缘节点构成，可实现异地多活的集群协同管理架构，提供高性能 AI 能力推理服务。引入国产化 AI 芯片，同时研发国产化 NPU 芯片模型迁移工具和混合调度框架，形成"GPU+CPU+NPU+MLU+ 内存"的混合资源调度。统一 AI 平台以云原生为基础、兼容异构算力和多种管理模式的"云 – 边 – 端"协同架构。实时感知"云 – 边 – 端"算力资源使用情况，根据任务需求动态调度算力资源。

平台特征：支持 GPU 虚拟化和碎片优化技术，大幅提升模型训练过程中的 GPU 使用效率。通过对全域算力和服务的智能感知，实现 AI 模型在西部节点集中训练、AI 能力在全域动态部署。通过 AI 算力感知调度，实现异构设备的管理和用量监控、异构资源池的划分、异构设备的调度。基于云原生技术自主研发 AI 任务资源调度器，提供国产芯片算力调度、多机多卡协同调度、显卡碎片调度优化、细粒度显存调度等多种调度方案。基于国产化全栈软硬件平台，通过半自动化模型迁移工具和图形界面开发工具，可迁移不同框架模型。

应用情况：在 AI 算力感知调度层面，该平台深度应用于训练和推理两大类人工智能主流任务中，实时监控任务完成情况，出现任务所需算力不足时，动态调度算力可以满足任务的计算需求。广东移动打造的自动化稽核应用，目前已推广至全国其他省（自治区、直辖市），其中，80多项能力分别部署至哈尔滨和汕头节点，实现跨云算力编排调度，赋能中西部省份就近使用 AI 能力。

12.3.4 中科曙光一体化算力交易调度平台

平台概述：平台建设目标是整合算力提供方的零散算力，利用一体化协同调度系统智慧匹配算力资源，为大规模任务提供无损智算算力，解决算力输出、转化、匹配、应用、交易等问题。

算力服务体系：面向用户的弹性计算服务，为用户和企业提供专属的云上高性能物理服务器，实现高性能、高安全性、高灵活性和高弹性等特点。先进计算服务体系如图 12-6 所示，该体系为企业提供更多算力获取途径，实现公有云、私有云混合调度，充分挖掘企业算力边界。同时，可帮助企业实现计算服务能力的对外输出，增强生态合作，拓展多元化业务，提供完整的专有计算行业解决方案，包括人工智能、大数据和云计算服务，满足企业业务升级和技术创新需求。

应用场景：包括弹性计算服务、混合调度、专有计算服务三大类。应用领域为：生命科学（基因测序、新药研制、基因拼接、蛋白结构、生物起源）、气象环境海洋（天气预报、环境监测、海洋监测、生态监测、减灾防灾）、物理化学材料（新材料、新能源、新产品、新装备、新方法、材料基因组）、工业仿真（航空、航天、汽车、船舶、精密仪器、制造业、能源装备）、其他（人工智能、卫星遥感、石油勘探、天文研究、地震模拟）。

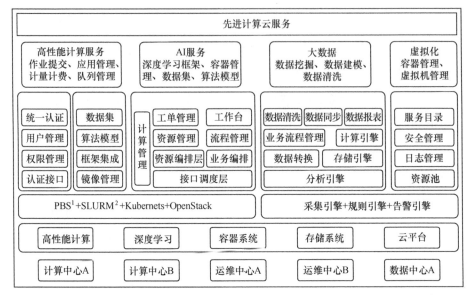

注 1. PBS: Protable Batch System，是较为常用的集群作业管理系统，其可以根据用户需求，统一管理和调度硬件资源，提高系统利用率。

2. SLURM：Simple Linux Utility for Resource Management，是一种可用于大型计算节点集群的高度可伸缩、容错的集群管理器和作业调度系统，被世界范围内的超级计算机和计算集群广泛采用。

图 12-6　先进计算服务体系

12.3.5　华为公共多样性算力服务平台

平台概述：适用于人工智能计算中心、高性能计算中心和一体化大数据中心等多种场景，通过系统工程与架构创新，实现从能源效率 PUE 值最佳到有效算力 CUE 最佳的跨越。华为集群计算解决方案具有算力场景多样、算力利用高效、算力使用便捷等特点。通过多样性计算框架，支持 AI、HPC、大数据等多种场景；通过创新的多样性算力融合调度，算力利用率可以提升50% ～ 80%；通过算力服务平台，算力获取速度从几周缩短到几分钟。

北冥多样性计算融合架构：该架构是为多样性计算硬件及集群打造的完整软件栈，简化多样性计算环境下的开发和部署，充分释放算力性能，可帮助开发者在多样算力环境下，实现与单机相同的应用开发和部署体验，并获得远超单一算力的应用性能。算力网络调度的整体架构为跨地域、跨管理域的多层复杂调度。地域架构包括八大枢纽节点，组织内 / 区域内包括据组节点、一级集群、二级集群；组织间 / 区域间包括 HPC、AI、云上集群；组织间包括云厂商、运营商、科研组织。架构包含的调度器见表 12-1。

表 12-1　架构包含的调度器

调度器	负载	资源	粒度	华为使用情况
多集群调度器	计算作业、数据传输	多集群资源	小时	元调度器
集群调度器	作业	集群内资源	分钟/小时	多瑙调度器
OS调度器	进程/线程	节点内资源	毫秒	OpenEuler
任务调度器	任务	分配给进程的资源	微秒/秒	OpenMP，JRE
硬件调度器	计算核心/算子任务	加速器资源	纳秒/微秒	Ascend

多瑙调度器是华为自主研发的面向重算力场景的多算力统一集群调度器。基于前沿的架构设计理念进行设计开发，横向支持 HPC、AI、大数据多场景统一调度；纵向支持应用、算力、存储、网络、能耗深度感知和多维度智能调度，结合专家系统，实现跨域联动，提高了系统效率；支持数据中心间资源协同，全局调度。当前，多瑙应用业务不仅包含半导体、制造、气象气候、高能物理、材料化学等行业应用，也包含超算等公共算力平台。

元调度器用于纳管东部和西部 AI 及 HPC 集群，实现全局调度。原型功能是实现算力网络接入，将异构集群动态加入算力网络。同时，实现资源管理、租户管理、数据管理和作业调度。元调度器开放集群适配器接口，与合作伙伴共同定义标准；开放调度策略，提供调度框架和标准调度算法，二次开发调度策略。

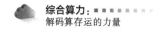

元戎是华为面向多样性计算集群打造的分布式并行开发框架。当前，元戎已经实现了对数据并行和算法并行两类关键应用开发场景的支持，大幅提升了分布式应用开发的效率。未来，元戎将支持多种计算模式的组合，帮助开发者在多样性计算集群中更加灵活地开发分布式应用。

12.3.6 浪潮AI计算系统及推理平台

平台概述：AI 推理服务平台专为企业 AI 生产环境打造，可实现推理服务资源的敏捷分配，支持多源模型的统一调度，将模型部署时间从几天缩短为几分钟，有效帮助企业轻松部署 AI 推理服务，极大地提高人工智能的交付效率和生产力。该平台主要面向企业 AI 应用部署及在线服务管理场景，通过统一应用接口、算力弹性伸缩、A/B 测试、滚动发布、多模型加权评估等全栈 AI 能力，为企业提供可靠、易用、灵活的推理服务部署及计算资源管理，帮助用户快速上线 AI 业务，提高 AI 计算资源的利用效率，实现 AI 产业的快速落地。

算网融合平台技术优势：全栈网络、云网融合、超大规模、跨地域互联。网间互联方式包括云内租户网络互通、云外 / 云间租户业务互通、跨地域互通。

平台特征："一站式"模型开发训练，缩短模型迭代周期。样本数据本地缓存，提升计算吞吐效率，可以大幅缩短数据缓存周期，提升模型开发和训练效率。多维 GPU 细粒度调度，充分利用计算资源。面向企业多租户多任务的场景，提供了优先级、紧急任务、轮询作业、空载监控等资源调度管理策略，保证计算资源被合理充分利用，有效地提高投资回报率。具有智能容错机制，保障平台服务与模型开发业务的平稳运行。具有丰富的功能，包括多框架模型统一管理、应用服务全周期管理、应用请求快速响应、资源性能监控。

12.3.7　北鲲云"一站式"云超算平台

平台概述：可以整合企业线下及云上计算资源，提供安全、弹性、自主的企业级 Cloud-HPC 方案。可支持多个地域、线上多个用户、线下多个地区；支持纯线下集群、云上集群、混合集群等多种模式；统一接入，两个 API 调用接入云上高性能计算服务。在全球拥有 25 个地域节点，单集群最大可支持 100000 核心算力，上传 / 下载带宽可达到 200Mbit/s。

平台特征：通过公有云大规模并行和数据处理的技术架构，以图形芯片为算力底座，为运行不同类型软件的任务提供新型算力基础设施，构建高算力科研环境，为企业免去搭建私有集群的巨大开支和运维成本。采用按需计费模式，根据硬件资源（GPU/CPU 类型、节点卡数、内存容量）、使用时长计费，支持多种 HPC 集群模式。私有模式最大化提高本地资源利用率；云上模式快速利用云上无限资源，启动 Cloud-HPC 集群，灵活、经济的高性能计算方案；混合模式在本地算力资源不能满足自身需求时，自动溢出到云上，从而提高企业研发效率。

应用情况：在生命科学领域，提供生物信息及计算化学领域整体解决方案，搭建从基因测序、靶标发现、虚拟筛选到分子动力等全流程的研发环境；在 AI 领域，搭建一体化的数据、算法、算力服务平台，提供从数据集创建、预处理和标注、模型训练、模型超参调优、模型部署等全流程的开发环境；在科研领域，搭建高性能计算中心，管理线下计算资源、线上弹性溢出上云；在 CAE/CFD 领域，集成工业制造企业所需的设计与仿真工具，可按需提供工程机械、汽车工业、能源化工、建筑土木等领域的解决方案。

12.3.8　趋动云AI平台

平台概述：一款"一站式"全流程人工智能平台。基于领先的 GPU 虚拟化技术，连接全球算力，提供高质量的 AI 应用开发体验，大幅降低模型训练成本，提供更灵活的算力选择，通过内置数十种算力规格，更准确地匹配客户的算力需求，采用按需使用模型，使成本最低，获得高性能的计算服务。具有 AI 模型在线开发、模型训练、AI 资产管理、排队管理等功能。

功能架构：在功能上，该平台共分为 3 层。基础层包括基础的软硬件资源，这些资源能够为平台本身及其业务提供存在的场所及运行的基础，例如，物理机、GPU 卡、存储、网卡等硬件资源和 K8s、Docker、OrionX 等软件资源。管理层是指平台的运维控制台，运维控制台可以管理平台的所有资源、业务及用户空间等。用户层是指 AI 工作台，算法工程师可在该工作台上进行 AI 应用研发。

应用情况：在教育领域，主要包括教学需求、教研需求和信息中心需求。在教学中优化教学成本，提供智能环境，少数 GPU 卡即可支持大量学生的 AI 实训课程。在教研中针对大规模科研场景，实现 GPU 跨机聚合，调度更多算力支持科研加速。在信息中心方面高效利用 GPU，管理集群任务，同时满足教学、教研场景。在金融和自动驾驶领域，引入软件定义 GPU 概念，将 OrionX 软件部署在多台不同类型的 GPU 服务器上，通过网络互连，构建一个统一的 GPU 资源池化层，实现了 GPU 资源的统一调度、灵活分配、弹性伸缩等云化能力，为上层应用提供了 GPU 算力资源。

12.4　异构计算调度系统分析

12.4.1　典型异构计算平台

（1）阿里云震旦异构计算平台

平台概述：基于异构计算硬件的编译优化平台，是一个统一的、"云 -

边－端"一体化的异构计算加速平台，包含 HALO、SinianML 框架、自动反馈优化系统、异构计算资源池系统等。阿里云提出业界首个面向深度学习的异构硬件统一接口规范（Open Deep Learning API，ODLA），通过归一化的硬件架构抽象，实现上层应用在异构计算资源上的平滑迁移。

平台功能：通过软硬一体的异构编译技术、架构感知和优化技术、全栈式自动调优等自主创新技术，该平台实现"云－边－端"全场景的异构计算加速和优化。构建异构资源池和深度学习模型可以提升软硬协同和资源适配能力，形成资源优化机制，保证异构算力重组优化，同时以模型部署为核心，通过自研的高性能流式业务执行引擎，实现 AI 业务的高效开发和部署。资源池化可以实现异构资源利用率的最大化和各种异构资源的灵活配比。此外，该平台还适配 GPU、ASIC 等多种异构 AI 芯片。

应用情况：该平台已在阿里巴巴自研 AliFPGA 硬件加速器、阿里巴巴搜索 RTP 系统应用，也在边缘计算（天猫音箱、菜鸟驿站、盒马门店和大润发门店智能 POS 机）等业务场景中有百万次规模应用。

（2）百度百舸 AI 异构计算平台

平台概述：AI 异构计算平台包含 AI 计算、AI 存储、AI 加速、AI 容器四大核心套件，具有高性能、高弹性、高速互联等特性。为 AI 场景提供软硬一体解决方案，深度融合推荐、无人驾驶、生命科学、NLP 等场景。

平台架构：在 AI 计算部分，百度太行提供了基于自研 GPU 硬件架构 X–MAN 的高性能实例，充分满足了 AI 单机训练、分布式集群训练，以及 AI 推理部署等对算、存、传的性能诉求。百度沧海是百度智能云的存储产品体系，基于 AI 存储架构，从数据上云、数据存储、数据处理和数据加速为计算提供全链条的支撑。通过加速存储访问、模型训练和推理进一步提速 AI 任务。AI 容器提供 GPU 显存和算力的共享与隔离，集成

PaddlePaddle、TensorFlow、Pytorch 等主流深度学习框架，支持 AI 任务编排、管理等。百舸平台架构如图 12-7 所示。

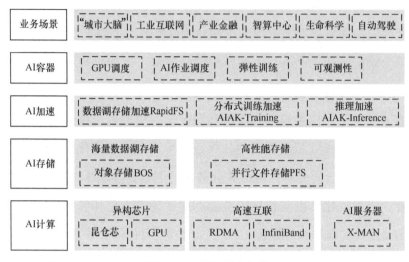

图 12-7 百舸平台架构

（3）FPGA 异构计算平台

平台概述： FPGA 异构计算平台是面向大数据处理、包含多个计算节点的分布式系统，FPGA 平台架构如图 12-8 所示。该平台功能包括软硬件的划分和协同、多机系统管理和 FPGA 板卡的故障管理与容错。FPGA 板卡采用自动化的平台映射技术，实现了板卡设计硬件计算逻辑与 OpenCL 程序的协同开发。通过设置全局资源管理器来负责整个系统的资源管理与分配。FPGA 板卡让系统能够实时检测和纠正单比特错误，并检测多比特错误，防止系统使用破损数据，从而提高了内存访问的可靠性。

平台架构： 采用 CPU+FPGA 的异构模式，在提高 CPU 计算能力的同时，降低了服务器功耗。按照 CPU 模块和 FPGA 加速模块耦合程度的不同，可将其分为 4 类：作为外部独立的计算模块、共享内存的计算模块、协处理器、FPGA 集成处理器架构。

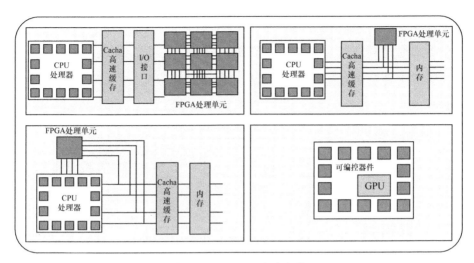

图 12-8　FPGA 平台架构

应用情况：浪潮与第三方合作，利用 FPGA 异构计算平台开展了 DNN 语音识别算法加速研究。

12.4.2　异构AI算力操作平台

（1）操作平台定义

异构 AI 算力操作平台是一个面向多元人工智能算力的异构融合适配平台，能够实现硬件性能与计算要求有效对接、异构算力与用户需求有效适配、异构算力在节点间灵活调度、多元算力智能运营与开放共享，将各类异构算力协同处理来发挥最大的计算效力，为多样化 AI 应用场景提供算力支撑。异构 AI 算力操作平台如图 12-9 所示。

（2）技术架构

资源重构技术方案：按照计算、存储、网络等资源类别的差异，整合硬件资源，形成同类资源池，实现不同设备间资源按需重组。硬件重构可实现资源池化，CPU 与 GPU、FPGA、xPU 等各种加速器将更加紧密结合，利用新型超高速内外部互连技术，实现异构计算芯片的融合；与此同时，计算资源可以根据业务场景实现灵活调度；NVMe、SSD、HDD 等异构存储介质则通过高速互连形成存储资源。在软件层面，推进硬件资源自适应重构，实现资源动态调整、灵活组合和智能分配，响应多应用、多场景需求。

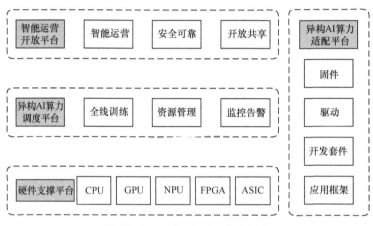

图 12-9　异构 AI 算力操作平台

软硬件融合架构：软硬件融合架构支持海量资源处理要求。一方面，平台能够满足 AI 训练中 GPU 或 CPU 计算集群的大带宽、低时延的并发访问要求，适应巨量数据增长，缩短 AI 模型生成时间。另一方面，软硬件融合架构基于软件定义计算、软件定义存储、软件定义网络，发挥资源管理和调度系统的应用感知能力，建立起智能化融合架构，在分离控制与计算的同时，融合计算与存储，满足多种应用场景。

硬件支撑平台：基于融合架构，实现 CPU、GPU、NPU、FPGA、ASIC 等多种硬件资源的虚拟化和池化。建立"CPU+GPU""CPU+FPGA""CPU+ASIC（TPU、NPU、VPU、BPU）"等多种"CPU+AI 加速芯片"架构，释放 CPU 与 AI 加速芯片优势，应对交互响应和高并行计算。

异构 AI 算力适配平台：连接上层算法应用与底层异构算力设备、驱动异构软硬件算力工作的核心平台，提供覆盖 AI 算力全流程的适配服务，使用户能够将应用从原平台迁移到异构 AI 算力适配平台。平台包括应用框架、开发套件、固件和驱动 4 个部分。

异构 AI 算力调度平台： 实现异构算力在计算节点间的灵活调度，形成标准化和系统化设计方案，提供 AI 模型开发部署和运行推理。对 AI 算力进行细粒度切分和调度，赋能 AI 训练，增强各类 AI 模型兼容适配能力。平台包括全栈训练、资源管理、监控告警。

智能运营开放平台： 提供软硬一体的融合解决方案，面向全行业，建立开放、共享、智能的异构 AI 算力支撑体系和开发环境，实现异构 AI 算力的智能运营、安全可靠和开放共享。

12.4.3 异构计算调度技术

（1）分布式异构计算调度技术

技术现状： 目前，大数据处理模型大致分为批处理系统、流处理系统和针对机器学习的任务并行系统。批处理系统中最具代表性的是 MapReduce、Spark 等，流处理系统有 Flink、Storm 等，而针对机器学习的大数据处理系统还处于发展阶段，包括 Ray 系统。Ray 系统填补了专门针对机器学习分布式系统的空缺。

Ray 系统概述： Ray 是针对机器学习的分布式计算引擎，Ray 框架是专门为机器学习与强化学习设计的高性能分布式执行框架，使用了分布式计算架构，具有比 Spark 更优异的计算性能。

Ray 系统架构： Ray 集群有且仅有一个头节点（Head Node）和若干个工作节点（Worker Nodes）。全局控制存储位于头节点，包含各种表数据来存储全局状态。Ray 采用分布式调度，在集群中的任意节点都存在本地调度器（Scheduler），Ray 依赖于每个节点的本地调度器，更贴合当下机器学习对低时延、高吞吐的要求。在整个 Ray 集群中，任意两个节点都可

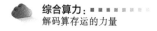

以进行通信。

Ray 调度过程：任务调度和扩容的资源共分为整体资源、可用资源和负载资源 3 类。在 Ray 的任务调度过程中，用户在本节点提交任务后，由调度器优先执行本地调度，若不满足资源要求，则提交到其他远程节点进行调度，这个过程称为溢出调度。溢出调度是迭代的，直到任务找到资源满足的节点为止。

（2）面向 FaaS[1] 的算网异构算力调度技术

技术现状：Serverless 是未来云原生技术发展的演进方向，而 FaaS 和 BaaS[2] 是两个主流方向，其中，FaaS 意在无须自行管理服务器系统或自身的服务器应用程序，即可直接运行后端代码。随着云计算服务能力开放和函数能力开放，通过函数服务对外提供中台能力逐渐成为主流，在现有的云原生能力开放架构中，FaaS 得到广泛应用。

技术介绍：Serverless 和异构算力相结合，通过 Serverless 可进一步屏蔽异构算力的差异性，从而更好地为不同算力之间的调度提供无差别的服务函数接口，实现不同算力的协同。通过 FaaS 平台实现云计算、边缘计算、异构设备、高性能计算和公 / 私有云等能力开放，并且通过 FDN[3] 来实现函数声明和调度。开发者和用户直接在 FDN 进行应用开发和资源请求，降低使用门槛。

技术架构：面向 FaaS 的算网异构算力调度技术结合最新的云原生 Serverless 模式，提出了整体的技术架构和异构算力调度机制，并且在此基础上进一步提出了整体平台功能架构，以期解决在异构算网融合条件下通过 FaaS 对上层应用进一步实现算力网络能力开放的问题。

1　FaaS（Function as a Service，函数即服务）。

2　BaaS（Blockchain as a Service，区块链即服务）。

3　FDN（Function Delivery Network，函数分发网络）。

12.5 总结

算力调度通过连接算力基础设施的各种异构算力资源，采用高效的算力调度算法，建设算力资源调度与服务平台，向不同领域用户提供所需的算力服务。其中，算力调度平台作为算力资源供给和需求的中枢，在算力调度的过程中扮演重要的角色。在算力资源接入、算力平台架构、集群调度器、算力调度算法等方面，平台技术发展路线和应用场景具有多样性。

算力调度形式涵盖了跨区域算力调度、闲置算力调度、智算调度、超算调度、边缘计算调度等多种类型。三大运营商基于强大的骨干网络和众多客户，在构建算力调度平台时具有显著优势，在算网融合、三算一体，统一调度、智算调度等方面取得实质性进展。各厂商基于自身的业务优势，也纷纷布局算力调度平台领域，重点在企业 AI 算力需求、企业级 Cloud-HPC、低成本算力使用等方面部署应用。同时，异构算力调度技术受到越来越多的重视，并取得重点突破，例如，分布式异构计算调度和面向 FaaS 的算网异构算力调度。中国信息通信研究院在异构 AI 算力操作平台方面持续开展深入的研究，并取得了丰硕成果。

未来，算力调度技术需要在异构算力纳管、算力感知和度量、跨层跨域智能调度、一体化协同服务、数据安全等方面进一步创新和突破。随着 CPU、GPU、FPGA、ASIC 等芯片的融合应用，算力呈现异构多样化，需要进行统一纳管。量化异构算力资源和多样化业务需求可以建立统一的描述语言，建立算力资源度量和计费标准。不同的调度引擎和调度算法可以保证算力使用的便捷性，支持资源自动化和智能化分配，实现跨层跨域的智能调度。同时，在算力调度和使用过程中，会产生海量数据，企业需要关注数据安全。根据业务的需求，对网络和算力进行管理和监测，提供绿色、共享、智能、可信的算力服务，更好地支撑算力的应用。

第七部分

趋势与赋能篇

13 算力趋势

13.1 算力形式差异明显，算力资源适配细化

随着数字化转型、人工智能和大数据等新技术使算力形式差异明显，资源适配逐渐细化。特别是产业数字化转型、万物互联、大模型与 AI 等新风口的涌现，使海量算力需求与供给的精细化适配成为关键，算力体系逐渐丰富。

目前，算力形式主要有通用算力、智能算力、超算算力、边缘算力、量子算力等，可以适配不同的应用场景，算力内核也在不断向异构化方向延伸。不同算力内核特点如图 13-1 所示。

 ◆ 通用算力主要应用于各种常规任务计算

 ◆ 多线程：提供了多核并行计算的基础结构，且核心数非常多，可以支撑大量数据的并行计算
◆ 更高的访存速度
◆ 更高浮点运算能力

 ◆ 可编程
◆ 可配置
◆ 可重构

 ◆ 高时效、低时延
◆ 稳定性较高
◆ 可编程

数据来源：中国信息通信研究院整理

图 13-1 不同算力内核特点

13.2 三网融合效果显著，助力产业不断壮大

算网融合效果在实际应用过程中的体现较为明显。算网融合架构分为基础设施层、算力一体层、融合编排调度层和算网运营层。基础设施层提供算力和网络资源，并进行升级和优化；算力一体层和融合编排调度层对设施进行感知和标识，匹配相应的业务以提高算力供需匹配度；算网运营

层验证用户身份、计费计量并展示资源。

随着"算网大脑"技术的日趋成熟，算网融合的智能化调度水平有了显著提升。算力网络除了借助物理、逻辑和异构 3 个空间的融通，实现了用户的迅速接入和跨域、跨专业网络的随需调整，以及对于各类复杂算网融合业务的资源匹配，在智能感知、决策、调度和闭环保障部分的效果也得以显著提升。算网融合不仅在技术层面展开，产业链上的协同也在同步进行。算网融合涉及运营商、ICT 厂商、行业伙伴和最终用户等多个领域，需要产业界共同努力。算网融合架构体系如图 13-2 所示。

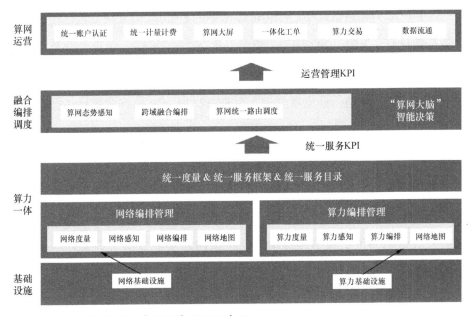

数据来源：中国信息通信研究院

图 13-2　算网融合架构体系

13.3　产业应用不断完善，创新立足用户需求

算力产业链包括算力基础设施、平台和服务，产业应用随产业链的完善而发展。随着用户需求的不断增加，算力也在数字政府、工业互联网、智慧医疗、远程教育、金融科技等领域发挥更加重要的作用，以便在之后的创

新过程中不断适配各行各业的用户需求。以安徽省为例，目前已实现 7000 家以上企业与云资源深度对接，推广应用数字化软件服务包 3 万个以上；济南市历城区在完善应用及生态，以及运用新技术后，吸引了超算技术研究院、山东省高等技术研究院、泉城实验室等 20 余家高能级平台加速集聚，同期引进头部企业 60 余家，数字经济规模以上企业达到 90 家，2023 年 1～5 月，历城区数字经济产业营业收入达 51 亿元，同比增长 46%。

13.4 政策引领绿色产业，节能降碳同步提速

PUE 已成为衡量数据中心绿色低碳水平的重要指标。《新型数据中心发展三年行动计划（2021—2023 年）》指出，到 2023 年年底，新建大型及以上数据中心 PUE 值降低到 1.3 以下，严寒和寒冷地区 PUE 值力争降低到 1.25 以下。《"十四五"信息通信行业发展规划》更是首次把 PUE 值作为统计指标，提出新建大型和超大型数据中心 PUE 值从 2020 年的 1.4 降低到 2025 年的 1.3 以下。

"绿色低碳"已经成为国家和各地对数据中心的基本要求。《新型数据中心发展三年行动计划（2021—2023 年）》《贯彻落实碳达峰碳中和目标要求 推动数据中心和 5G 等新型基础设施绿色高质量发展实施方案》《深入开展公共机构绿色低碳引领行动 促进碳达峰实施方案》等文件均明确指出：新建大型及以上数据中心，绿色低碳等级应达到 4A 级以上。

中国信息通信研究院于 2013 年支撑工业和信息化部发布了第一批数据中心系列标准，该系列标准首次明确定义 PUE、绿色等级等概念。同年，中国信息通信研究院正式启动数据中心绿色等级测试项目，截至 2023 年，已开展 10 年。10 年来，该项目经过多次演进，已升级为"DC-Tech 数据中心绿色等级认证"项目。阿里巴巴、百度、腾讯、中国电信、中国移动、万国数据、秦淮数据、世纪互联、有孚网络等国内领先数据中心运营商的众多优秀数据中心参评，涌现了不少在绿色节能方面进行创新性探索的优秀数据

中心案例，促进了数据中心绿色技术创新发展并加速了应用落地，为我国数据中心行业的绿色发展起到了很大的推动作用。

2023 年 11 月，国家标准 GB/T 43331—2023《互联网数据中心（IDC）技术和分级要求》正式发布。该标准规定了互联网数据中心（IDC）在绿色节能、可用性、安全性、服务能力、算力算效、低碳 6 个方面的技术及分级要求，适用于互联网数据中心（IDC）的规划、设计、建设、运维和评估，期望算力基础设施可以更好的为不同行业深化赋能作用。

14 存力趋势

14.1 安全可信能力攀升，夯实数据要素安全

数据已成为一种新型生产要素，其存储的安全可信程度将影响国家安全和国计民生。为了满足数据要素在流通阶段中价值释放的安全诉求，业界正致力于实现数据可用不可见、可见不可得的高安全数据处理环境。而数据存储设备作为数据仓库，保有全量的数据要素，可对存储介质进行直接管理，是数据的直接载体，一旦被攻击或者被破坏，将直接影响数据基础设施的安全。

随着数据安全战略的深入实施，安全可信成为先进存储的必备能力，存储安全可信技术向存储内生安全方向发展，内生安全主要包含存储加密、防勒索、存储系统自身安全等技术。同时存储的安全可信以硬件为基础，以软件算法为关键，以应用效果为最终导向。从底层硬件角度出发，一是构建关键硬件自主能力，解决可持续供应和维护的问题，二是硬件三防（防侧信道、防故障注入、防物理攻击）和可信启动已成为存储底层硬件安全可信能力的基础；从软件算法角度出发，先重点进行开源软件的风险治理，解决软件供应链安全和漏洞管理问题，在此基础上数据存储采用 AIR GAP 技术来保障

数据安全传输、一写多读（Write Once Read Many，WORM）技术防止文件被篡改、病毒侦测分析预防被病毒勒索、执行环境提前检测确保数据可信、数据访问的全路径和内存加密技术防止数据被泄露，构建存储数据安全的核心能力；从应用效果的角度出发，通常采用存储加密及定期备份两种方案面对突发情况下数据丢失或破坏等问题，使数据的安全性得到充足保障。

14.2　存储多云生态完善，增强数据共享流动

随着企业云化转型的深入，企业使用多云已经成为主流，从全球来看，89%的企业选择多云架构部署。而存储资源是多云架构下的关键数据底座，当前企业使用的多云大多会采用不同的云计算平台和不同的数据存储资源。这就存在数据资源无法统一管理，不同的数据存储形成"孤岛"，云与云之间的数据无法共享与流动且成本高等问题。

对接多云的存储设备通过统一数据视图与调度、统一存储资源发放运维、数据分级存储、数据洞察等能力实现高效的数据跨云。统一数据视图与调度能力是指将多云存储资源整合到一起，基于统一元数据构建全局命名空间，提供统一数据视图；通过文件、对象、分布式文件系统（Hadoop Distributed File System，HDFS）等多种标准协议，用户随时可视全局数据文件。统一存储资源发放运维能力可以将企业数据存储资源池统一划分为性能区间、服务类型、灾备配置、增值服务等指标，形成跨多云全局一致的存储SLA，并基于标准化API，把存储资源统一提供给多个云端来支撑各类应用和数据服务，实现数据一池共享，应用多云部署。数据分级存储能力是指基于数据存储的热温冷分级、复制、备份等技术，提供多云数据中心之间、不同类型数据存储之间基于策略的数据分级流动，实现数据跨云复制、迁移、备份等。数据洞察能力是指通过数据感知，对全局视图中的数据进行采集、分析、识别的能力，以及挖掘数据实体及关联关系、支撑

高效数据检索、增强"数据大脑"智能推荐、提供信息的能力。"数据大脑"通过制定高效的数据采集分析策略、数据安全管理策略、数据流动策略和语义关系检索策略，实现数据管理的智能高效指挥、数据安全有序流动。

容器存储能力支撑容器成为多云架构下的关键应用载体，是应用跨云的关键。容器正在从无状态走向有状态应用，需要持久化的数据来承载，企业级存储代替服务器本地盘，实现了数据的高可靠及计算和存储的灵活扩展，同时数据存储通过 CSI 接口和灾备接口，可以为容器提供应用级的跨云、跨数据中心容灾，使云原生关键应用拥有和传统应用一样的容灾能力，避免单节点故障、单数据中心故障和集群故障，达到高可用容灾级别。

14.3 软硬节能技术成熟，促进绿色低碳转型

IDC 发布《数据时代 2025》的报告显示，全球每年产生的数据将从 2018 年的 33ZB 增长到 2025 年的 175ZB，相当于每天产生 491EB 的数据。为了保存这些数据，存储耗电量大幅增长。

全闪存存储、风液冷、高密硬件技术正在大幅降低存储能耗。使用闪存介质相比 HDD 介质可减少 70% 的能耗。高密存储型节点密度能达到传统存储服务器的 2 ～ 2.6 倍，结合存算分离架构，相对通用型服务器，减少了节点 CPU、内存及配套交换机，同等容量下的能耗可以节约 10% ～ 30%。风液冷结合技术中 CPU、GPU 等大功率器件采用液冷，其他器件可采用风冷 / 液冷，显著降低内存、HDD 等关键存储部件的工作温度，可降低风扇转速 50% 左右。此外，通过感知存储不同部件中 CPU 的业务压力，高密存储技术可动态调节不同位置的风扇频率；通过感知存储中不同控制器中 CPU 的业务压力，可动态实现 CPU 降频等。部分专业存储厂商甚至可以根据大量业务运行数据对存储不同时期的全局负载进行建模，实现预测式的精准降频、动态节能。

数据融合技术、数据算法正在大幅提高存储能效。随着数据融合技术的成熟，一套存储系统能够同时提供文件、对象、大数据访问能力，通过多协议融合互通，一份数据不需要协议转换就能够被多种协议同时访问，减少数据搬迁和重复存储，提升数据处理能效 35%；数据纠删码通过算法可将数据块进行编码，生成校验数据块，然后把这些数据块存储在不同的位置，相较于多副本冗余策略，22+2 等大比例的数据纠删码冗余技术能把磁盘利用率从 33% 提升到 91% 以上，从而提升数据能效。

15 运力趋势

15.1 网络接入更加泛在灵活

随着数字化转型的不断深化，智能物联终端设备以及移动设备的数量快速增长，用户和企业对于网络运力的要求也在逐渐提升，这需要更加泛在灵活的网络接入技术的支持。随着光纤网络的广泛部署和持续升级，网络接入将更加泛在灵活和持续稳定。网络智能化技术和边缘计算的发展也将提供更加灵活的网络接入，在网络边缘设备上进行实时数据处理和决策，将降低网络接入对于数据中心的依赖，实现更快速的响应和更高效的网络连接。

15.2 确定性网络底座加速建成

随着我国数字化转型持续深化，用户对大带宽、低时延、高可靠业务的需求进一步提升，确定性网络的建设将进一步加快。光网络在大带宽、低时延、高可靠、长距离和物理安全等方面具有天然优势，打造运力网络确定性全光底座是未来的必然趋势。同时，灵活的 IP 网络切片技术也将逐步普及，使各行业用户都能方便快捷地使用确定性网络服务。

15.3　网络智能化水平不断提升

在网络管理方面，智能化网络管理系统能够实现故障预测和自动化故障恢复，减少网络故障的影响和维修时间。同时，容量、性能自动优化，可以使网络系统更加稳定和高效。在网络安全方面，智能网络可对网络流量、用户行为进行监测，识别异常的网络活动和安全威胁，并及时采取措施进行防范和应对。随着 AI 技术的快速发展，AI 与网络的融合程度不断加深，网络智能化水平也将进一步提升。

15.4　全国一体化网络逐步建成

当前，"东数西算"工程正在积极布局和建设，全国一体化算力网络是"东数西算"工程的重点建设目标之一。随着政策的逐步深化落实，网络与算力设施协同发展趋势将进一步强化，东西部枢纽节点间集群网络建设将逐步推进，以"IP + 光网络"为代表的网络技术将广泛应用于东西部网络连接环境，东西部枢纽节点间可建立更加高速、可靠的网络传输通道。与此同时，算力网络技术将逐步完善，各地标准趋向统一，全国一体化算力网络将加快建成。

16　赋能千行百业，产业生态蓬勃发展

16.1　行业应用总体情况

截至 2022 年年底，我国算力行业应用主要分布在互联网、政务、金融和其他行业，分别占比 51%、20%、13% 和 16%，互联网占比持续上升，政务占比进一步下降。其中互联网主要可细分为公有云、网站、电商、游戏、视频等领域，分别占比 39%、4%、4%、3%、1%。2022 年我国算力行业应用分布情况如图 16-1 所示。

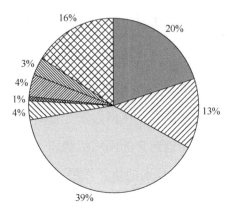

图例：■ 政务　☑ 金融　□ 公有云　▨ 网站　▩ 视频　▨ 电商　▧ 游戏　⊠ 其他

数据来源：中国信息通信研究院

图 16 1　2022 年我国算力行业应用分布情况

16.2　互联网：积极拥抱新兴技术，领先行业平均水平

相比于传统行业来说，互联网拥抱新技术的热情更高，更多关注算力对于产品的推动。互联网在 AI 细分领域则注重新兴技术的商业价值、流量挖掘和用户体验反馈，AI 广泛应用于以用户流量为核心的电影、电视、游戏等娱乐领域，运作模式日益成熟。目前，互联网企业倾向于投资自然语言处理、知识图谱、用户理解、计算机视觉、语音语义和深度学习等技术领域，以利用机器学习和智能化应用创造更大的商业价值。

专栏1：【算力赋能互联网行业案例】

以人脸识别技术为例，运行人脸识别深度学习算法的处理芯片进行视频采集，把视频中的人脸图像抠取下来，然后把该人脸图像发送给下一处理单元进行结构化处理。在结构化处理部分中，ASIC、数字信号处理器（Digital Signal Processor，DSP）芯片实现了流程相对较快、成本相对较低、效果相对较好的目标，从而赋能互联网行业的人脸识别类项目。

16.3 金融：智能化加速，有力支撑金融业务创新发展

智能化技术的不断发展，助力金融行业的业务革新。随着金融业务向精准性、敏捷性、稳定性、融合性方向深入发展，数据正成为推动金融行业数字化转型和高质量发展的核心要素。AI大模型发展浪潮的兴起，加速了AI技术在金融行业的应用，对金融行业自动化任务执行、决策诊断等方面产生影响，金融机构的实时风控、普惠金融、智能决策等场景对海量数据实时处理及应用的需求与日俱增。麦肯锡估计，未来10年，AI技术每年可为全球银行业创造高达1万亿美元的增量价值。由此可见，智能化技术与金融行业的深度融合，将为金融行业的业务创新发展带来巨大的收益。

专栏2：【算力赋能金融行业案例】

在某大型国有银行普惠金融项目中，具有自研全部源代码、完全自主知识产权两大突出优势的全内存分布式数据库技术，助力该行实现从国外数据库到国产数据库的平滑迁移，以及性能的极致提升，获得该行高度评价。在大数据量、大并发、多表复杂查询的应用场景下，该技术支撑全行50000名客户经理同时开展工作，秒级返回查询结果，且全年运维无故障，在安全性、稳定性和算力性能方面完全满足需求，这得益于该产品采用的分布式计算与内存存储架构、大规模并行计算引擎等多项设计理念。

16.4 电信：算力设备优化，重点解决两难题

电信行业通过算力解决内外两大难题。随着5G、云计算等技术落地，对内需要面对提升业绩和增加客户黏性的压力，对外需要面对智慧交通、智慧零售、车联网、游戏娱乐、AR/VR应用等新应用场景的客户需求。这

些都要求电信运营商的数据中心具有数据高并发、低时延传输、保证业务永续的能力，以算力设备优化为主的电信行业则用以新替旧的方式实现了对基础设施的性能和稳定性的超高要求。

专栏3：【算力赋能电信行业案例】

从技术角度出发，电信行业的算力赋能点主要来自数据存储、传输设备、服务器速率等方面。以细分传输设备来讲，随着全球大数据市场的持续扩张、数字经济的不断发展，以及全球主要公司大模型的开发，未来全球传输设备市场将呈现速率提升的趋势，光模块的不断发展也将有效带动传输设备性能的提升和传输速率的引高。

16.5 制造业：实现智能制造，推动数字工厂建设

算力赋能实体制造业，其中的重要体现就是数字化转型。实体制造业的数字化转型作为国家战略未来发展的新方向，其关键因素是匹配相关系统的属性以及匹配物联网、大数据等新技术对应的应用。在实际业务中，企业更多地引入大模型、AI等新技术作为数字化、智能化转型的必要方式。

数字化转型在制造业带动了数字工厂的兴起。目前，我国数字化转型整体处于稳中有进的态势，数字化进程处于借鉴先进经验以及摸索阶段，相对较慢，但在5G、大数据、AI、机器人等新兴技术和产品的加持下，数字工厂的数量和质量提升将逐渐加快速度。算力对于制造业的赋能表面形式为数字工厂，实则是适配制造业的全新技术和产品，以技术结合产业特征的形式，实现智能制造的目标。

专栏4：【算力赋能制造业案例】

　　对于制造业来说，提高产品质量和生产效率是企业的核心需求。算力赋能"工业4.0"时代，在某数字工厂内，数字技术正由集中式控制向分散式增强型控制的基本模式转变，大大小小基于数字化重组的产业链分工，将生产线的设备状态、人员分工、产品物料等信息通过5G移动网络实时展现在数据中心，测算分析并反馈决策部署，生产效率显著提高，企业效益明显改善。

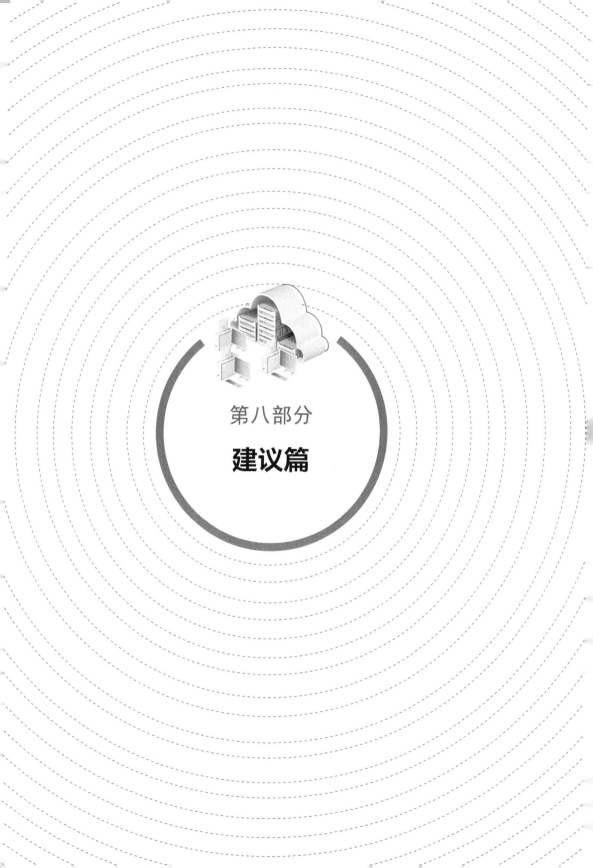

第八部分

建议篇

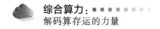

17　综合算力发展建议

信息基础设施是数字经济发展的前提和基础，中国综合算力作为数字经济的重要支撑力量，其发展具有重要意义。在数字经济奔涌发展的浪潮下，要加强战略布局，加快建设以 5G 网络、全国一体化数据中心体系、国家产业互联网等为抓手的高速泛在、天地一体、云网融合、智能敏捷、绿色低碳、安全可控的智能化综合性数字信息基础设施，打通经济社会发展的信息"大动脉"。要全面贯彻落实党中央、国务院决策部署，加强算力基础设施部署，深入把握算力发展的关键环节，推动综合算力全面构建、可持续发展，为我国数字经济发展提供新动能。

17.1　系统布局新型基础设施

从算力规模、存力规模、运力规模指数来看，我国各地发展差异明显，算力、存力、运力发展各具特点，对此提出以下发展建议。

合理全面推进以智算中心、数据中心、超算中心及边缘数据中心为代表的算力中心建设，充分利用园区建设，进行算力产业的集群化布局，统筹调度全国算力资源，优化算力资源配置，以提升面向全国的算力服务能力。加快存储设施建设，降低存储技术对外依存度，提升我国在数据存储领域的国际竞争力。加速 5G 基站、大带宽接入网等网络基础设施建设，持续推进重点园区、场所、行政村及新地域的网络规划建设。

17.2　加速推动核心技术创新

从算力质效、存力规模、网络运力质量、市场环境来看，我国的 PUE

水平、单机架存力、网络出口带宽水平、软硬件研发总投入、数据中心相关发明专利、软著授权总数等方面仍有待进一步提升，本质原因是核心技术有待突破。针对这一问题，本书提出以下发展建议。

加强综合算力领域技术研究与中长期科技规划，提升综合算力的技术支撑能力。加快芯片算力、AI 大模型、下一代存储、大带宽低时延等算存运技术研发部署，推动计算存储网络核心技术底层研发和技术攻关，提升数据计算、数据流通、数据防护等关键技术水平。加强综合算力技术领域人才培养，建立综合算力技术培训机制，吸引优秀人才投身算力技术领域的研究和创新，"产、学、研、用"合力推动算力技术创新取得新成果。

17.3 加快政策标准体系建设

从资源环境、市场环境、算力质效来看，我国各地方政策支持力度差异大、东部地区较西部地区的政策更为完善，各项指标的数值更为优秀，整体发展存在较大的不平衡，针对这一现象，本书提出以下发展建议。

各地区要积极推动相关协会、团体的协作，从技术、接口、设备、平台等多个维度，开展相应技术要求、测试规范、应用场景及需求规范的研制，通过 DC-Tech 数据中心系列等级认证以及"算力强基行动"等方式，为新技术、新产品、新应用落地提供支撑。加强国际交流合作，围绕架构、安全和服务等方面进行国际标准研究，构建中长期算力标准体系，实现我国综合算力体系的标准化生态建设。

17.4 持续构建全产业链生态

从综合算力、算力、存力、运力、环境 5 个指数来看，我国上述指标最高分均低于 85 分。整体而言，规模、质量、环境等多维度构成的产业生态不够完善，对此提出以下发展建议。

加强综合算力产业相关的资源整合，发挥区域和行业的协同效应，积极围绕计算、存储、网络等项目统筹规划，打通算力上下游产业链，促进各个产业之间的对接和协作。通过"华彩杯"算力应用创新大赛等方式，推动算力产业技术创新和应用赋能活力。积极适应市场需求，推动建立公平、开放的市场竞争机制，探索综合算力产业的管理与监管模式，促进开放性创新体系和技术应用的跨学科融合，从广度和深度上增强国内算力产业生态系统的可持续性，引导算力产业创新、安全、可持续发展，建立公正性和透明性的市场机制。

17.5 激发算力产业创新动力

从上架率、示范荣誉和数据中心业务收入、产业赋能覆盖量统计数据来看，我国算力基础设施上架率有待进一步提升，产业活力有待进一步激发，对此提出以下发展建议。

积极推动算、存、运一体化发展，打造能满足多元化算力需求的综合算力产品组合，推动综合算力在重点行业产业链、供应链的深入应用，促进算力在工业互联网、乡村振兴、智慧政府、智慧医疗、智慧教育、金融、电信、文化等众多垂直领域的应用，实现不同应用场景的定制化算力供应。打造示范应用项目，树立高效计算、先进存储、融合网络等方面的标杆，实现标准和政策落地，带动千行百业，推动综合算力创造价值、驱动创新发展。

18 算力发展建议

算力技术将不断沿着更广的领域、更深的层次发展。随着芯片先进工艺持续升级和不同封装技术的出现，生产难度和成本降低，通用芯片业内已形成覆盖全场景的芯片解决方案，不同类型的服务厂商均在各自领域加紧研发。此外，异构计算和量子计算作为现在和未来发展的新着眼点，在多样化、跨体系处理器协同、统一异构软件平台整合编译器等工具的协助下，"云–边–端"泛在计算架构和边缘侧算力实现、多学科交融研究及量子计算目前所提到的问题等成为今后关注的重点。

随着"东数西算"工程的启动，数据中心建设正加速推进，除了通用算力，各类算力规模有望实现持续增长。人工智能产业技术不断提升，智能算力规模将保持快速增长。在超算算力方面，少数国家持续保持强大的高性能计算能力的增长。在边缘算力方面，我国边缘算力产业链逐步完善，我国边缘计算服务器的整体市场增速高于全球，各行业对边缘算力的需求快速增长。在量子计算方面，量子计算已成为全球竞相追逐的科技新高地，我国数据量飞速增长，催生了量子计算的巨大需求。

随着我国网络基础设施的性能和技术稳步提升，算网产业也在不断完善。除了实现算网供需有效匹配，以及算力本身呈现出内核多样化、分布泛在化的趋势，算网融合还将满足业务高可靠、低时延需求，并按照业务需求选择合适的算网资源进行编排，将算力需求调度到合适的算力节点，最终实现算网供需匹配性的提升。从应用创新和绿色低碳角度发力，实现算力应用落地和绿色低碳等级达标，从而实现算力产业的高质量发展。

19 存力发展建议

近年来，互联网、大数据、云计算、人工智能、区块链等技术加速创新，日益融入经济社会发展各领域全过程，各国竞相制定数字经济发展战略、出台鼓励政策，加快以信息化驱动现代化、赋能千行百业、推动经济社会高质量发展。

存储基础设施是数字经济发展的重要基础之一，是数据赖以存储和发挥效能的基础平台，也是数据产业中至关重要的数据基础设施，目前，存储基础设施仍存在诸多问题。一方面，有限的存储容量无法满足不断增长的数据总量的需求，数据"存不下"的问题日益严重；另一方面，数据存储效率难以满足数据应用的实时性需求，低效率的存储设备无法匹配高要求的存储场景要求。

为充分发挥海量数据和丰富应用场景优势，促进数字技术和实体经济深度融合，赋能传统产业转型升级，催生新产业、新业态、新模式，不断做强做优做大我国数字经济，提出以下5点建议。

一是在战略上，继续重视数据存储，构建良好的存储行业生态。聚焦先进存储、数据容灾等技术，制定引导我国数据存储产业高速健康发展的战略政策，打造以存储芯片与介质产业、存储硬件与软件产业、存储应用与服务产业为基本内容的上、中、下游产业相互促进、协同发展的创新发展生态体系。

二是在技术上，全面加快技术创新，推动先进存力的研发部署。提升存储的能效、安全、容量、可靠性、安全性和绿色低碳能力，攻关技术瓶颈；积极推进数据存储产业国际交流与合作，鼓励联合攻关，攻克存储技术瓶颈；发挥行业创新领先企业的创新引领优势，广泛发动我国存储领域的科研院所、高等院校和领先科技企业，开展半导体存储全产业链的"产、学、研、用"协同。

三是在产业上，鼓励国产设备应用，提升存力的安全保障能力。我国数据存储产业链初具规模，但关键部件仍以进口为主，需要加强国产化应用牵引，推动自主品牌做大做强。在关键信息基础设施和国家工程中要求使用自主可控的存储设备，以国产促用，通过存储设备和固态盘主控芯片带动国产存储芯片应用，形成良性的商业循环。

四是在标准上，完善产业标准体系，促进产业的健康蓬勃发展。积极开展存储产品标准、测试标准的制定工作，不断完善信息存储的标准体系建设。坚持标准制定与检测认证工作同步推进，加快建设具有检测技术和检测能力的存储认证机构，制定存储软件供应链安全治理机制和检测标准，对应用于关键基础设施的供应商进行安全治理能力定期审查。

五是在人才上，探索联合培养模式，打造复合型人才培养体系。加强科教融合、校企联合等模式，培养一批具备存储技术背景的创新人才。重视财政、科技等领域政策创新，为构建"产、学、研、用"结合的协同育人平台提供更有力的外部条件。支持和引导高等院校增设数据存储专业、课程、实验室等，同时发挥科研院所的科研资源优势和企业的实践资源优势，共同打造开放共享、融合创新的育人体系。

20　运力发展建议

为进一步推动网络强国战略实施，提升算力服务能力，需要构筑更加高速畅通的网络传输大动脉，保障数据要素高效流通。

一是加强顶层引导，强化网络运力建设全要素保障。强化网络运力政策指引，鼓励企业开展网络运力技术及应用创新，促进网络运力发展。提高对网络的常态化监管水平，明晰企业合规边界，制定数据保护和隐私保护政策，构建规范透明、安全高效的网络运力发展环境。制订带宽资源规划，合理分配带宽资源，提高网络传输的速度和质量。加强各项运力政策间协同，充分发挥数字经济部际联席会议等协调机制的作用，推动各部门协同共建，防止政策叠加。

二是加快技术创新，推动"产、学、研"合作，加快技术攻关。持续推动网络运力技术创新，强化用户入算、算力设施间及算力设施内网络前沿重点技术攻关，深化技术应用。引导产业链上下游协同推进网络设备核

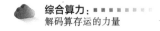

心技术自主创新，特别是围绕交换／转发芯片的端到端自主生产制造全流程，努力突破逻辑功能设计、物理设计＋IP设计，以及生产和供应链管理等各环节的技术瓶颈，实现真正的自主创新，从根本上保障包括网络在内的关键基础设施安全。深化"产、学、研"合作，鼓励网络运力相关实验数据、案例合作共享，促进网络运力技术的商业化和产业化。

三是加快标准制定，完善网络运力技术规范与测评。从技术、应用和业务等不同层面出发，制定网络运力标准，提升标准实用性和可操作性，促进技术和业务协同发展，发挥标准制定与技术创新"双轮驱动"的核心优势。积极参与国际标准化组织中网络运力相关标准的制定，持续对外输出我国网络运力的技术方案和标准体系。强化网络协议和接口标准制定，推动各类应用间的集成和交互，激发新的商业模式和创新解决方案的出现，推动数字经济的发展和社会的进步。

四是加深产业赋能，打造并培育优质项目促进应用。准确把握当前国内外的通信网络产业发展趋势，梳理并健全网络运力技术链与产业链，提升全球范围内网络运力布局能力，保持网络运力在全世界范围内的领先地位。加大对光纤网络、无线网络、数据中心等网络基础设施的投资和建设力度，提高网络运力。以"华彩杯"算力应用创新大赛等领域权威赛事为引导，持续孵化优质网络运力项目，加快运力技术升级与应用，夯实算网底座，强化网络运力产业赋能效应，全面助力数字经济高质量发展。

附　录

附录 A　数据来源

本书选取我国 31 个省（自治区、直辖市），对其综合算力发展水平进行量化评估。本书除明确时间的数据，其他数据统计截止时间为 2022 年年底。各指标的数据来源于工业和信息化部、中国信息通信研究院、各地方政策文件、文献以及公开数据。

在算力层面，在用算力、在建算力计算方法为已经使用的或者规划在建的 CPU、GPU 等芯片的浮点运算能力，数据由工业和信息化部调研统计；上架率为已上架的服务器数量与机架可承载的服务器数量的比值，数据由工业和信息化部统计并加以分析；PUE 为数据中心总能耗与 IT 设备耗电量的比值，数据由工业和信息化部统计并加以分析；CUE 为数据中心二氧化碳排放总量与数据中心 IT 设备耗电量的比值，数据来源于 31 个省（自治区、直辖市）统计部门；行业赋能覆盖量、业务收入等数据来源于企业信息披露、知网文献、网上公开资料等。

在存力层面，存储总体容量为存储设备容量总和，包含服务器存储、外置存储等容量，数据来源于工业和信息化部、主流媒体、中国信息通信研究院等；IOPS 为不同存储设备的性能情况，数据由工业和信息化部统计和中国信息通信研究院整理；先进存储占比为外部全闪存容量与外部存储总体容量的比值，数据由工业和信息化部统计和中国信息通信研究院整理；存储均衡为存储总体容量与算力规模的比值，存算均衡、单机架存力由中国信息通信研究院整理。

在运力层面，省际出口带宽、单位面积的 5G 基站数、互联网专线用户、互联网宽带接入端口、单位面积长途光缆、固定宽带平均下载速率、移动宽带平均下载速率、千兆光网覆盖率等数据来源于国家统计局、工业和信息化部、31个省（自治区、直辖市）统计部门和中国信息通信研究院；数据中心网络出口带宽、数据中心网络时延来源于31个省（自治区、直辖市）统计数据、各个地方披露数据和中国信息通信研究院整理；国家级互联网骨干直联点数据来源于网络公开资料。

在环境层面，电价、软硬件研发总投入、数据中心相关发明专利软著授权总数来源于工业和信息化部统计数据，自然条件、人才储备来源于31个省（自治区、直辖市）统计部门相关数据，政策支持力度、行业交流频次来源于31个省（自治区、直辖市）统计部门相关数据、网上公开资料，示范荣誉由工业和信息化部统计和中国信息通信研究院整理。

附录 B　计算方法

计算方法：指标的标准化，采用极差标准化法，即参考每项指标的最大值、最小值，利用极差标准化公式对各项指标数值进行标准化处理。确定指标权重，针对形成指数体系的一级、二级、三级指标，通过基于专家打分法的层次分析法，得到指数体系中每个一级、二级、三级指标之间的相对权重。计算指数得分，最后根据指标中每个数值的标准化结果和相应的权重，形成各区域指数和综合指数。

计算结果说明：本计算方式得到的指标或指数得分范围为 0 ～ 100 分，得分越高表明该区域对应的该指标能力越强、性能越好。

附录 C 计算口径

表 1 指数体系与计算口径

一级指标	二级指标	三级指标	计算口径
算力	算力规模	在用算力	已经使用的CPU、GPU等芯片的浮点运算能力
		在建算力	规划在建的CPU、GPU等芯片的浮点运算能力
	算力质效	上架率	已上架的服务器数量与机架可承载的服务器数量的比值
		PUE	数据中心总能耗与IT设备耗电量的比值
		CUE	数据中心二氧化碳排放总量与数据中心IT设备耗电量的比值
		行业赋能覆盖量	数据中心赋能的行业平均数量
		业务收入	数据中心业务收入
		龙头企业布局	当地领先企业与业内领先企业的比值
存力	存力规模	存储总体容量	存储设备容量总和，包括服务器存储、外置存储等容量
		单机架存力	存储总体容量/机架规模
	存力性能	IOPS	不同存储设备性能的总和
		存算均衡	存储总体容量与算力规模的比值
		先进存储占比	外部全闪存容量与外部存储总体容量的比值
运力	基础网络条件	国家级互联网骨干直联点	国家级互联网骨干直联点个数

一级指标	二级指标	三级指标	计算口径
运力	基础网络条件	省际出口带宽	省际出口带宽
		单位面积5G基站数	5G基站数/面积
		互联网专线用户	互联网专线用户数量
		互联网宽带接入端口	互联网宽带接入端口数量
		单位面积长途光缆	长途光缆（千米）/面积
	网络运力质量	数据中心网络出口带宽	数据中心网络出口带宽
		数据中心网络时延	数据中心网络时延
		固定宽带平均下载速率	固定宽带平均下载速率
		移动宽带平均下载速率	移动宽带平均下载速率
		千兆光网覆盖率	千兆光网覆盖率
环境	资源环境	电价	数据中心运营平均电价
		自然条件	当地气温值
		政策支持力度	政府出台的算力相关政策数量
	市场环境	人才储备	高校毕业生数量

续表

一级指标	二级指标	三级指标	计算口径
环境	市场环境	行业交流频次	举办的算力相关会议活动数量
		示范荣誉	获得的国家新型工业产业示范基地（数据中心）、国家新型数据中心等国家荣誉和数据中心绿色等级、低碳等级、算力算效等级，以及安全可靠、服务能力等方面的示范荣誉之和
		软硬件研发总投入	各地区数据中心企业在算力软硬件设备的研究与试验发展经费之和
		数据中心相关发明专利、软著授权总数	各地区数据中心企业在计算、存储、网络等方面授权的发明专利、软著总数之和